电路实践指导教程

DIANLU SHIJIAN ZHIDAO JIAOCHENG

主　编 // 许爱德　李作洲　翟朝霞

主　审 // 王维刚

大连海事大学出版社

DALIAN MARITIME UNIVERSITY PRESS

图书在版编目（CIP）数据

电路实践指导教程／许爱德，李作洲，翟朝霞主编
. — 大连：大连海事大学出版社，2022.12（2025.1 重印）
ISBN 978-7-5632-4350-1

Ⅰ．①电… Ⅱ．①许… ②李… ③翟… Ⅲ．①电路–
实验–教材 Ⅳ．①TM13-33

中国版本图书馆 CIP 数据核字（2022）第 254862 号

大连海事大学出版社出版

地址：大连市黄浦路523号　邮编：116026　电话：0411-84729665（营销部）　84729480（总编室）

http://press.dlmu.edu.cn　　E-mail：dmupress@ dlmu.edu.cn

大连永盛印业有限公司印装　　　　　　　　**大连海事大学出版社发行**

2022 年 12 月第 1 版　　　　　　　　　　2025 年 1 月第 2 次印刷

幅面尺寸：184 mm×260 mm　　　印张：8.5　　　　　字数：189 千

出版人：刘明凯

责任编辑：于孝锋　　　　　　　　　　　责任校对：董洪英　王　琴

封面设计：解瑶瑶　　　　　　　　　　　版式设计：张爱妮

ISBN 978-7-5632-4350-1　　　定价：21.00 元

前　言

电路实验是电路理论课程的重要实践环节,本书可供该实践环节使用。本书的编写目的是通过实践使学生巩固和拓展电路理论知识,掌握实验技能、测试方法和测量技术,奠定扎实的实践基础,培养学生严谨的科学态度,开发学生的创新与动手能力。

全书分为四部分:第一部分为电路实验基础知识,第二部分为基本电路实验,第三部分为仿真实验,第四部分为综合创新设计实验。第一部分主要介绍实验中用到的预备知识、常用电子仪器使用常识、电路仿真软件 Multisim 14.0 的简单应用。第二部分包括 14 个实验,可供不同专业根据教学实际需求选用。第三部分的 3 个仿真实验和第四部分的 5 个综合创新设计实验,可根据学生的学习情况灵活选用,目的在于培养学生利用计算机仿真进行电路分析的综合能力,开发学生的创新与动手能力。

本书总结了编者多年电路实验课和仪表设计与实践课的教学经验,由许爱德、李作洲和翟朝霞共同编写而成。王维刚对书稿进行了审阅。

限于编者水平,书中定有不妥之处,恳请读者批评指正。

编　者
2022 年 10 月

目　录

第一部分
电路实验基础知识

第1章 绪 论

第1节 电路实验目的及要求

一、电路实验的目的

电路实验是培养电类工程技术人员实践技能的重要环节,是理论联系实际的重要手段。通过实验培养学生利用相关手段去分析问题、解决问题的能力,具体来说应达到以下主要目的:

(1)培养学生实事求是的治学作风和严谨认真的治学态度。

(2)学生应掌握仪器仪表的基本工作原理和正确的使用方法,包括电压表、电流表、万用表、功率表、信号发生器、示波器、稳压电源、毫伏表等。

(3)掌握基本的测试技术,具有分析查找和排除电路故障的能力,具有正确处理实验数据、分析误差的能力,写出有理论依据、符合实际的实验报告。

(4)根据所学知识,独立设计实验过程并完成实验的能力。

(5)应用计算机辅助设计软件,对所做实验进行仿真的能力。

二、电路实验学习的要求

电路实验学习包括课前预习、完成实验、课后完成报告三部分。

1.课前预习

首先,应认真阅读实验教材中的相关内容,对实验目的、要求、原理、方法和步骤等有初步了解,预计实验中可能出现的现象,知道应记录的数据以及实验应注意的问题等。其次,根据预习情况写出预习报告。预习报告应包括:设计实验数据表格、计算有关参数、了解本次实验所用仪器设备的使用方法、回答预习思考题等。没有完成课前预习的同学,不应参加本次实验。

2.完成实验

第一,对第一次使用的仪器仪表,必须了解其使用方法,切忌违反操作规程,乱拨乱调旋钮。根据实验电路图,并遵循操作安全、摆放整齐、互不影响、读数方便的原则,合理布置实验设备的位置。不遵循实验守则、违反实验操作规程而损坏仪器设备的学生,除写出书面检查外,还应做出经济赔偿。

第二,按照电路图合理布局与接线。根据电路图的特点选择接线步骤。线路接好后,一定要仔细检查,确保无误后方可进行实验。

第三,接通电源前,要保证稳压电源或调压器的起始位置归零,确认电路中的限流限压装置是否放在使电路中的电流与电压为最小的位置。接通电源后,逐渐增大电压或电流,同时要注意各仪表的偏转是否正常,负载工作状况是否正常,电路有无异常现象(如冒烟、响声、有焦煳味道等)。如有异常情况应立即切断电源并保护现场,报告指导教师,排查故障。改接或拆除电路时必须先切断电源。

第四,操作时要遵循手合电源、眼观全局、先看现象、再读数据的原则。读数前要弄清仪表量程及刻度,读数时姿势正确,要求"眼、针、影成一线"。记录数据要完整清晰,一目了然,并合理取舍有效数字。数据必须记录在预先设计的表格里,如果需要重新测量,应在原来的表格边重新记录数据,不得随意涂改原始数据,以便比较与分析。交报告时需将原始数据附后。实验的波形、曲线应一律画在坐标纸上,并要求比例适当,标注准确。

3.课后完成报告

实验报告是实验过程的全面总结,要用简明扼要的方法将实验过程完整和真实地表达出来。实验报告更是一份工作报告,对实验目的、原理、方法、仪器设备、步骤、结果的分析与处理、回答问题等方面要有详细的叙述,叙述要求条理清楚,其中的公式、图、表、曲线、波形应有符号、编号、标题、名称、单位等说明。

第2节　电路实验课的注意事项

为了在实验中培养学生良好的习惯,使每一个学生都自觉用严谨、科学的态度对待每一个实验数据,同时确保人身和设备安全,特制定本实验守则。

(1)课前认真预习,明确实验目的,正确理解实验原理,熟悉实验步骤,了解实验仪器的使用方法和注意事项。

(2)按时出勤,遇到特殊情况应在课前请假,并在事后及时找指导教师预约补做实验的时间。

（3）课上按要求连接电路,检查无误后,方可通电观察和测量。

（4）正确记录实验结果,包括所用仪器的名称、规格、型号,实验现象、数据、单位、误差,实验过程中出现的故障及排除故障的方法等。

（5）严格按照安全操作规程操作。

（6）接通电源后,若发现有冒烟、元件发烫、焦煳气味等异常现象,应立即关断电源,保护现场,报告指导教师,待查明原因并妥善处理后,经指导教师同意后方可继续进行实验。

（7）仔细观察实验现象,并用所学的理论知识做出合理的解释。

（8）遇到自己无法理解的实验现象,要及时与指导教师共同探讨。

（9）完成实验后,立即切断实验台的总开关,整理好实验器材,包括将实验仪器和元器件放回原处,按要求将仪器上的旋钮和按钮调整到规定的位置,按相同规格将导线分类整理,搞好本实验台及附近的卫生,方可离开实验室。

（10）各组使用自己实验台上的器材,未经指导教师允许,不得互相借用。

（11）保持实验台整洁,不得在实验台面板或仪器面板上做标记。

（12）不在实验室进食,保持实验环境整洁。

（13）课后独立、认真、如实地填写实验报告,不得编造、修改原始数据。

（14）按规定时间认真完成并提交实验报告。

（15）只在规定区域进行实验,严禁乱搬乱动与本次实验无关的仪器。

（16）遇到意外情况,听从指导教师的指挥。

第3节　本书的特点

本书以上海宝徕提供的设备为基础编写,供不同专业根据需要选用。其中一部分是经典基本实验,需要具体操作完成;一部分是仿真实验,需要借助仿真软件实现电路的分析运算;一部分是综合、创新设计实验,可全面培养学生的综合创新能力。

本书实验内容的总课时数远远超出任何一个专业规定的课时,指导教师可以根据学生的实际情况及内容的难易程度给出每个实验的分值,供学生选做。

第2章　预备知识

第1节　实验线路的连接方法

进行实验,首先遇到的是实验线路的连接,即把有关设备、元件及仪表连接成具体的实验线路。能否准确、迅速地连接线路是保证实验顺利进行,并收到预期效果的关键。现将线路连接的一般方法介绍如下。

1.选择实验设备

连接线路前首先要选择好有关的实验设备,了解和熟悉每个设备的性能及使用方法。

(1)设备的容量及有关技术参数要选择适当。

(2)仪表的种类、量程及准确度等级应符合实验要求。

(3)熟悉并掌握每个设备的正确使用方法,以避免发生严重事故。

2.合理布局设备位置

根据拟定的实验线路,合理布局各设备的相应位置,一般以便于接线、操作、读数及防止相互影响为原则。

3.正确连接线路

(1)熟悉电路图,弄清楚电路原理图上的结点与实验线路中各设备的接线端钮之间的对应关系。

(2)根据线路结构的特点,按"先分后合"、"先串后并"及"先主后辅"的原则,把线路正确连接起来。下面以图1.2.1线路为例加以说明。

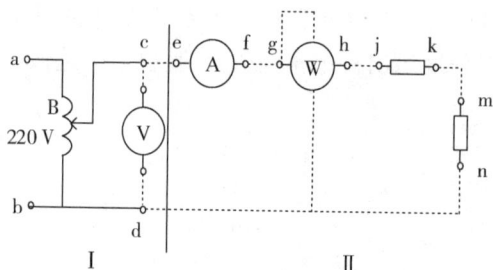

图 1.2.1　接线说明图

"先分后合"的意思是根据线路特点把线路分成几个部分。如图1.2.1所示,分成Ⅰ、Ⅱ两部分。先连接各分线路,然后将各分线路连接成完整的线路。

"先串后并"是指先连接串联回路中的各元件,然后连接各并联支路的元件。如图1.2.1中的第Ⅱ部分,可先把电流表、瓦特表的电流线圈、电阻及电抗器逐个串联起来,然后将瓦特表的电压线圈并接在 g、n 之间。

"先主后辅"一般是对一个系统来说的,即先连接主回路,后连接辅助回路(又称控制回路)。

(3)在接线时,接线片不宜过多地集中在某一点上,一般每个接线柱上不要多于两个接线片。尤其是仪器仪表的接线柱上最好不接两根或两根以上的导线。

(4)接线松紧要合适,既要保证接触可靠,又不可拧得太紧,以防接线柱松动脱扣或拆线困难。

接完线路后,应反复认真检查,确认接线无误后方可通电实验。

第2节　测量的基本概念

实验离不开测量,测量不可避免地存在误差。为了得到准确的实验结果,必须首先了解有关测量的基本概念,理解误差的含义、来源、分类、表示方法和处理方法,这样才能根据具体情况找出减小误差的实验方法,从而提高实验数据的精度。

1.测量

测量是将未知物理量与作为标准单位的物理量进行比较,得到两者倍率关系的过程。例如,某未知电压与作为标准电压的 1 V 电压比较,未知电压是标准电压的 12.3 倍,则被测的未知电压就是 12.3 V。

2.被测量

被测量就是被测量的量。

3.量值

一个物理量的量值包括数值和计量单位。例如,1.23 mA 的数值是 1.23,计量单位是 mA。

4.真值

一个物理量本身的、客观存在的量值。

5.测量值

用某种测量方法,通过测量仪器获得物理量的量值称为测量值。测量值的大小与测量方法、测量仪器、测量者有关。

6.误差

一个物理量的测量值与其真值之差称为绝对误差。绝对误差与真值之比定义为相对误差。真值是客观存在的。由于测量过程中不可避免地存在测量误差,所以真值永远不可能得到。相对误差通常是用绝对误差与理论值之比或绝对误差与测量值之比得出的近似结果。

7.额定值

额定值是制造者为设备或仪器规定工作条件后,某物理量的指定量值。例如,普通白炽灯的额定工作电压是 220 V,某仪器在 220 V 供电电压下的额定功率是 25 W 等。

8.读数和示值

在仪器刻度盘或显示器上直接读到的示值是测量仪器的指示值或记录值,示值包括读数和单位。例如,某电流表满刻度值是 100 mA,分为 100 等份(即 100 分度),若指针指在中间位置,则读数为50,即示值为 50 mA。

第3节 误差来源、分类及减小误差的途径

测量中产生误差是必然的。实践证明,根据实际情况将误差分类,找出其规律,就有可能减小误差。

一、误差来源

1.方法误差

由于测量方法不完善、物理模型或计算公式存在某些近似、使用的经验公式与实际情况存在某种程度的偏差等,测量结果与真值不吻合,这类误差称为方法误差。

例如,用伏安法测量某元件的电阻值,有电流表外接法和电流表内接法之分,如图 1.2.2 所示。用电流表外接法测量时,得到的电流是通过被测元件的电流和通过电压表的电流之和,而并不仅仅是流过被测元件的电流,因此,测量电流值的结果偏大,计算出来的电阻偏小;用电流表内接法测量时,得到的电压是降在被测元件的电压与降在电流表的电压之和,电压值永远大于被测元件两端的电压,因此,电阻的测量结果偏大。

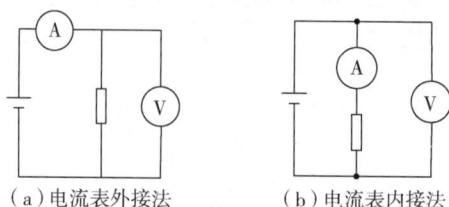

（a）电流表外接法　　（b）电流表内接法

图 1.2.2　伏安法测量电阻的两种方法

2.仪器误差

仪器误差是指仪器本身不完善产生的测量误差。

例如,用示波器测量某信号的电压峰峰值,由于示波器探头衰减倍率存在误差,测量值产生误差,而且误差的大小和方向都可以找到规律。

3.使用误差

使用误差是指在测量过程中因操作不当或人为因素引起的误差。

例如,在使用指针式功率表测量功率时,按设计要求,功率表应该水平放置,但放置功率表的桌面往往与水平面存在一定的夹角,从而使测量结果产生误差。

4.环境的影响

电磁干扰、振动、加速度、温度、湿度、气压、辐射等都有可能影响测量结果。

例如,在强电磁干扰的环境中用示波器测量某信号,可以明显地看到扫描线变粗的现象。

二、误差分类

误差的分类方法有多种。电路实验中按误差的性质分类,可分为系统误差、随机误差

和疏失误差。

1.系统误差

在相同条件下用同一方法多次测量同一个物理量,误差的大小和符号保持不变,或在测试条件发生变化时,误差按一定规律变化,这种误差称为系统误差。

方法误差、仪器误差和使用误差都有可能是系统误差。

2.随机误差

在相同条件下用同一种方法多次测量同一个物理量,每次测量的大小和符号不确定,并且是无规律的。但是,就大量重复测量而言,误差又是服从某种统计规律的,这类误差称为随机误差,有时也称为偶然误差。

3.疏失误差

在相同条件下用同一种方法多次测量同一个物理量,个别测量结果明显远离其他测量结果。就个别测量结果而言,表现为偶然性,就整体测量结果而言,不符合任何统计规律,从误差来源分析,源于读数或记录数据时的疏失,因此称为疏失误差。

三、对不同误差的描述

为了更方便地表述测量结果的特性,引入与误差相关的 3 个概念,即准确度、精密度和精确度。

1.准确度

在一定条件下,用相同的测量方法对某一物理量进行多次测量,其结果与真值之间的差异程度,称为测量的准确度。准确度通常取决于系统误差的大小,用系统误差的界限 Δx 与测量值 x 的比值来度量,$\dfrac{\Delta x}{x}$ 越小,准确度越高。

2.精密度

在一定条件下,用相同的测量方法对某一物理量进行多次测量,所有结果的接近程度或测量值的起伏程度,称为测量的精密度。精密度通常取决于随机误差的大小,疏失误差对精密度也有影响,用绝对平均误差 $|\overline{\Delta x}|$ 来量度。$|\overline{\Delta x}|$ 越小,精密度越高。

3.精确度

精确度是综合评定误差大小的概念,准确度和精密度都高时,才称精确度高,其他情况精确度都不高。

四、减小误差的主要途径

系统误差是由于测量仪器的偏差或测量方法不完善等原因造成的。系统误差的特点是误差的大小和符号在一定范围内不变,能找到误差的规律,可以根据具体情况通过某种方法进行修正。

从每次测量的数据看,随机误差的数值和符号都是无规律的,但从大量相同条件的重复测量结果看,又是服从某种统计规律的,通常在多次测量后,用某种统计平均的方法减小或消除随机误差。

疏失误差既不具备系统误差的特点,也不遵从统计规律,其测量值往往与平均值相距甚远,一旦确认某测量值的误差属于疏失误差,则应将其剔除或重新测量。

第4节 有效数字和误差的表示方法

从任何实验中得到的测量数据都存在误差,下面讨论实验数据的表示方法和运算方法。

一、有效数字

所有测量值都是近似值。通常根据测量值与真值的近似程度,用若干位可靠数字和一位欠准数字(也称为存疑数字)构成有效数字。在测量中,左起第一个不为零的数字及右面所有的数字均为有效数字。

为书写方便,可以将有效数字写成指数形式,有效数字的位数与有效数字的书写形式、小数点的位置均无关。

例 1.2.1 $0.000\ 136 = 1.36 \times 10^{-4}$

有效数字的位数与小数点的位置无关。

$0.258, 10.6, 0.000\ 112, 123, 3.14, 2.99 \times 10^{10}, 1.36 \times 10^{-4}$ 都有 3 位有效数字,其中带下划线的数字是存疑数字。

二、有效数字的取舍原则

有效数字的取舍原则为"4 舍 6 入 5 留双",即在取舍中遇到不大于 4 的数字舍去,遇到不小于 6 的数字进位,遇到数字 5 时若前面一位数字是奇数则进位,若前面一位数字是偶数则舍去。

例 1.2.2 原始数据为 $a = 0.012\ 300, b = 1.398\ 9, c = 1.355\ 5, d = 1.345\ 5$,保留 3 位有效数字后,$a = 0.012\ 3, b = 1.40, c = 1.36, d = 1.34$。

三、有效数字的运算

有效数字运算的原则:准确数字与准确数字之和为准确数字,欠准数字与任何数字相加,其和为欠准数字。

1.加减运算

直接运算后按取舍原则保留一位存疑数字。

例 1.2.3 $a = 12.35, b = 106.709, c = 1.21 \times 10^{-2}, d = 2.007\ 8 \times 10^{2}$,将这 4 个数字做加法运算,即

$$
\begin{array}{r}
12.35\underline{} \\
106.70\underline{9} \\
0.012\ \underline{1} \\
+200.78\underline{} \\
\hline
319.851\ \underline{1}
\end{array}
$$

相加后出现了 3 位存疑数字,舍去最后 2 位,得到 $a+b+c+d = 319.85$。

例 1.2.4　$a = 108.56 \times 10^3, b = 0.125 \times 10^6$,求和,即

$$
\begin{array}{r}
108.56\underline{\ } \times 10^3 \\
+125\underline{\ \ } \times 10^3 \\
\hline
233.56 \times 10^3
\end{array}
$$

保留最高位的一位存疑数字,则 $a+b = 234 \times 10^3$。

2.乘除运算

运算结果的有效数字位数与参加运算各数值中有效数字位数最少者相同。

例 1.2.5　$12.\underline{0} \times 0.12\underline{\ } = 1.4$

3.对数运算

取对数前后的有效数字位数相等。

例 1.2.6　$\ln 10.\underline{5} = 2.3\underline{5}$

四、采样点的选取

1.通过实验确定特征点

在实验中,经常要研究一个物理量随另一个物理量变化的关系。将两个物理量之间的关系在平面坐标系中绘制成曲线,曲线上就会出现一些特殊的点,如最大值、最小值、拐点等,这些点通常称为特征点。一个特征点表征一个特定的状态,在取样时通常要准确地找出这些点。例如,做 RLC 串联谐振实验时,可通过改变频率找出电压的最大值,确定并记录谐振频率和谐振电压。

2.在规定的范围内采样

超出规定范围的采样点没有意义。例如,测量 6 V 小灯泡灯丝的伏安特性时,必须在额定电压范围内测量;否则,将电压升高到 6 V 以上,不仅测量值没有意义,甚至还会烧断灯丝。

3.选择合理的采样间隔

一般在被测量变化剧烈的区间采样点应密集一些,在被测量变化缓慢的区间采样点可稀疏一些。

五、测量次数的确定

1.单次测量

当多次重复测量的读数起伏不超过仪器的最小分度值时,可采用单次测量。此时的测量误差主要取决于仪器的误差。在电学指针式仪表中,多以满刻度相对误差表示仪表的误差,即以仪表的最大绝对误差与仪表的满刻度值比值的百分数表示。例如,1.5 级电流表的最大量限为 100 mA,则其最大误差为仪表满刻度的 1.5%,即 $\Delta I = 100 \times 1.5\% = 1.5$(mA)。其他测量仪器的误差多以最小分度的一半作为仪器的误差。

2.多次测量

凡是多次重复测量的读数起伏超过仪器的最小分度值,并显示随机误差的特性时,根

据实验精度要求,可进行多次测量。

六、误差的表示方法

有些物理量可以直接测量;有些物理量则不能直接测量或很难直接测量,这时往往先测量一些相关的物理量,然后利用这些测量值计算待测物理量,这种方法称为间接测量。

1.直接测量

单次测量结果 y 用测量值 x 和仪器误差 Δx 之和表示,即

$$y = x \pm \Delta x$$

多次测量结果 y 用 n 次测量值的平均 $\bar{x}$ 与平均误差 $\Delta \bar{x}$ 之和表示,即

$$y = \bar{x} \pm \Delta \bar{x}$$

其中 $\bar{x} = \dfrac{\sum\limits_{i=1}^{n} x_i}{n}$, $\Delta \bar{x} = \dfrac{\sum\limits_{i=1}^{n} |x_i - \bar{x}|}{n}$, x_i 为第 i 次测量值。

2.间接测量

设待测量为 y,相关可直接测量的 n 个量为 $x_i (i = 1, 2, \cdots, n)$,函数关系为

$$y = f(x_1, x_2, \cdots, x_n)$$

则测量后的计算结果为

$$\bar{y} = f(\bar{x}_1, \bar{x}_2, \cdots, \bar{x}_n) \pm \left[\sum_{i=1}^{n} \frac{\partial f(\bar{x}_1, \bar{x}_2, \cdots, \bar{x}_n)}{\partial \bar{x}_i} \Delta \bar{x}_i \right]$$

第5节 实验数据处理与运算

在实验中通过测量得到原始实验数据,经过分析、整理、计算、对比等工作,得到最终测量结果,或验证定律、定理,或发现新的规律,这个过程称为数据处理。

一、原始数据的记录

原始数据包括测量仪表的显示值、量程、分格常数、单位、误差、测量条件等。

按显示方式分类,可将测量仪表分为指针式仪表(指针表)和数字式仪表(数字表)。

1.用指针表测量

用指针表测量涉及量程选择、读数方法、示值换算和测量误差等问题。

(1)量程选择

为扩大测量量限范围,同时尽可能提高测量精度,多数指针表设有多量程开关。选择量程时,应在指针不超出量限的前提下,使指针尽量接近满刻度,减小测量误差。

(2)读数方法

按指示值读数并记录,读到最小分度后再估计 1 位。例如,某表盘的分度是 100 格,指针指向 68 格与 69 格中间的位置,准确数字为 2 位,再估读 1 位,应记录 68.5 格,最后 1 位是欠准数字。

由于指针要在表盘上自由摆动,指针不能直接与表盘面接触。如果人眼的观察方向与表盘不垂直,必然产生读数误差。为消除这一误差,有些表盘上安装了平面反光镜,读数时应看到表针与镜子里面指针的像重合。

(3)示值换算

表盘上每格对应被测量的大小称为仪表常数或分格常数 C,定义为仪表量程 x 与表盘满刻度格数 a 之比,即

$$C = x/a$$

显然,即使对于同一仪表,不同量程对应的分格常数也不会完全相同。

仪表读数对应被测量的测量值称为示值。示值等于读数与仪表常数的乘积。

(4)测量误差

电学仪表上一般标有精度等级,精度等级决定测量误差,误差是实验数据中必不可少的一部分。

2.用数字表测量

用数字表测量有读数简单的优点。示值和单位都在显示器上,但是误差的大小还要查阅说明书。

二、数据的整理

1.排列数据

为了便于观察并找出数据的变化规律,通常将测量值按大小顺序或其他有利于观察数据变化规律的方式排列。

2.分析误差

通过对测量值进行分析,确定误差的特性,为改进测量方法提供理论依据。

3.减小或消除误差

根据误差分析结果寻找合适的改进测量方法,修正系统误差,用多次测量取平均值的办法减小随机误差,剔除疏失误差,尽可能减小测量值的误差。

三、数据的进一步处理

1.列表法

列表是整理实验数据最基本、最常用的方法之一,将测量值按一定规律排列后,不仅容易总结规律,而且便于发现疏失误差。

列表的目的是把大量实验数据整理成规律排列的形式,便于观察和分析。因此,对实验表格有以下基本要求。

(1)表号。便于在实验报告或文章中引用。

(2)表头。用尽可能简洁的词语反映表格的内容。

(3)结构。表格的第一行和第一列分别为自变量和因变量,如需进一步分类,可以将第一行和第一列拆分。

(4)单位。有量纲的物理量都必须标注单位。

如果表中一行或一列的数值具有相同的单位,应按行或按列标注单位;如果一个表中所有数值的单位都相同,应作为共用单位并将它标注在表格右上方(第一行之上)。

(5)数据。表中填写的数据既可以是测量值,也可以是计算值。

记录原始数据的表格中应用读数和示值,计算值一般与原始数据对应。测量值和根据测量值计算的数值必须按有效数字的形式填写,一般将小数点对齐,便于阅读和比较。

(6)顺序。一般按自变量从小到大的顺序排列。

按以上要求设计并填写的表格如表 1.2.1 所示。

表 1.2.1　线性电阻的伏安特性

$U(V)$	0.200	0.400	0.600	0.800	1.000
$I(mA)$	7.80	13.00	20.20	27.10	34.50

2.常用二维图形

用二维图形描述实验结果,比列于表格中的数据更直观。二维图形适于表述单变量函数的实验结果。为了便于对比,有时将几条曲线绘制在同一坐系中,此时要求自变量相同。

对于多个自变量的函数,若想用二维图形表达,只能保留一个自变量,其他变量设为常数。

为使二维图形准确反映测量或计算精度,应在坐标纸上绘图,若有条件,也可以用计算机绘图,再将图贴在实验报告里。

典型二维曲线制图应注意遵循以下惯例。

(1)建立坐标系。选择适合描述数据特性的坐标系。常用的坐标系有线性直角坐标系、半对数直角坐标系、全对数直角坐标系、极坐标系等,其中最常用的是线性直角坐标系,一般以横轴代表自变量,纵轴代表因变量。

(2)绘制坐标轴。横轴和纵轴上若没有给出标值以表明其增值方向,应分别为横、纵轴线加上箭头。一般以两坐标轴的交点为坐标原点,若所有数据点都远离坐标原点,允许平移坐标轴,但绘图区域必须覆盖所有数值(坐标点)。在两个坐标轴的外侧应标出该坐标轴所代表的物理量及其单位。

(3)坐标轴分度。在最常用的线性直角坐标系中,对坐标轴采用线性分度。原则上坐标轴的最小分度恰好能反映有效数字的精度。在坐标轴上一般只标 5~l0 个等分格的标尺,并标注每个格的数值,小格一般不标数字。

(4)描点。按数据对应的坐标描点,同一组数据用相同的符号,可以用实心圆、叉、空心圆等符号区分各组数据,也可以用不同颜色区分不同的数据。

(5)拟合曲线。在电路实验中,一般将所有有效实验数据对应的坐标点拟合成光滑的曲线。由于测量值可能有随机误差,即使在相同的条件下测量,测量值也会在某点附近随机变化,所以严格通过所有坐标拟合的曲线会出现很多奇异的弯曲拐点,这样的曲线不能真实地反映实验结果。正确的拟合方法是绘制一条光滑的、拐点尽可能少的曲线,所有坐标点到该曲线的最短距离之和为最小;对于已知因变量随自变量呈线性变化的情况,需要拟合成一条直线,使所有坐标点到该直线的距离之和为最小,或将所有二维坐标输入计算机,用最小二乘法计算直线的斜率和截距,再按计算值绘图。

(6)多组数据的处理。在同一坐标系中用不同的线型或不同颜色的实线绘制各组数据对应的曲线,并在空白位置标注各条曲线对应的数据或数据组。

3.其他图形

为了简洁、清楚地描述数据,给读者更形象的印象,可根据需要选用直方图、饼图、折线图,甚至三维图。

第6节　实验报告

实验报告是对实验工作的总结。没做过这个实验的人通过实验报告应能够了解实验的全部工作内容。一份完整的实验报告一般包括概述、实验目的、原理、实验器材、实验内容及步骤、原始记录、数据处理、误差分析、结论等。学生的实验报告还包括一些与本次实验有关思考题的答案。

1.概述

概要说明本实验的背景、意义、用途等,学生实验报告中通常不包括此项。

2.实验目的

对于验证性的学生实验报告,用若干简单句说明通过本实验要观察什么现象、了解某元件或某器件的什么作用,学习什么测量方法、掌握什么实验技能、验证什么定理或什么公式等。对于设计性的学生实验报告,则是用什么原理设计什么单元电路等。

3.原理

概述本实验所涉及的理论、公式、方法。必要时,应从通用的公式、公理、定理、经验公式等进行简单的推导,得出本实验所需要的计算公式。其中每一部分内容都要写清楚,原理图、公式都要有,插图要有图题和图标,公式要有编号,变量要有定义。

4.实验器材

一般列表说明所有实验仪器和器材,包括实验仪器、单元板、专用电路实验板、元器件、导线等实验中用到的所有仪器和器材。每一件仪器和器材都应填写相应的序号、名称、规格、型号、数量、主要技术参数等。

5.实验内容及步骤

实验内容要分清层次,按实验顺序列出每一步实验工作的详细内容,阐明实验方法,绘制实验电路等。步骤是相应内容的具体实施方法,比如如何调整电源、如何连接电路图、有什么特殊的注意事项、如何记录数据等。

6.原始记录

原始记录包括实验现象和测量数据。实验现象可用文字描述,必要时可给出示意图或照片、曲线等,达到简洁、明了的目的。测量数据包括按一定有效数字记录的实测数值、误差、量纲等。

7.数据处理

首先说明用哪个公式处理哪些数据,然后列出最终的计算结果,如有必要,还要绘制实验曲线。实验曲线一般有直方图、折线图、光滑曲线等,其中最常用的是光滑曲线、可用手工绘制,也可通过某种算法拟合或插值。注意在手工描绘曲线时,由于测量存在误差,曲线可以不通过实测值所确定的坐标点,但要求曲线光滑、实测坐标点分居曲线两侧,并且力求实测坐标点与曲线的距离尽可能小。

8.误差分析

通过测量方法、近似计算、数据特征等分析误差种类,找出误差的原因、给出误差的大小、判断是否能修正误差、提出减小测量误差的方法。

9.结论

给出与实验目的相呼应的结论,总结实验过程中的体会,也可以提出一些对本实验的改进建议和展望。

10.思考题

思考题是针对学生实验设置的内容,是必做内容。通过回答思考题,可以加深对实验内容的理解。一般对思考题只需简要回答若干要点,不必高谈阔论,必要时可用示意图、公式、数据等进行说明。

第7节　实验故障的分析与处理

在实验过程中常常会遇到各种故障,使电路无法正常工作,严重时还会损坏设备,甚至危及人身安全。因此当出现故障时应迅速排除,以确保实验安全顺利地进行。

1.故障处理的一般步骤

(1)当电路出现严重的短路或其他可能损坏设备的故障时,应立即切断电源,查找故障。

(2)进一步复查线路连接是否正确。

(3)根据故障现象和电路结构,分析判断故障的性质及产生的原因,确定可能产生故障的范围。

(4)应用各种方法,逐步缩小故障范围,直到找出故障点。

(5)采取一定措施,迅速排除故障。

(6)待故障排除后再通电实验。

2.检查故障的简单方法

在电路实验中一般常见的故障有接线错误、连接导线断开、元件的短路或开路及接线柱接触不良等。最简单的检查方法是用电压表和欧姆表来进行检测。

(1)电压表法

电压表法是通过测试线路中各连接点的电位的变化(大小或有无)来判断线路的工作状态。如图 1.2.3 所示,假设图中 a、b、c、d、…、j、k、0 分别为各元件的接线端,它们之间用导线连接(虚线表示)。取 0 点为电位参考点,从 a 点开始依次检测各点的电位。若 $U_a = 0$,则表示电源无输出,若 $U_a = U_S$,则表示电源工作正常;然后检测 U_b,若 $U_b = 0$,则表明 a、b 间开路(连接导线断线或接线柱接触不良),若 $U_b = U_S$,则表明 a、b 间线路完好;再检测 c 点,若 $U_c = 0$,说明 b、c 间开路,若 $U_c = U_S$,说明 b、c 间电阻短路,若 U_c 为某一定值,则说明 b、c 间线路正常;这样依次逐点检测下去,即可发现故障点。

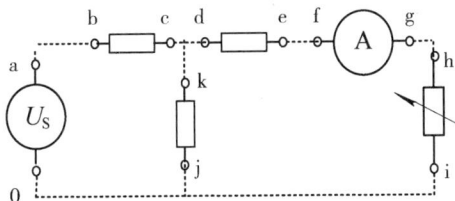

图 1.2.3 电压表法示意图

必须注意,当线路中有严重的短路故障时切不可用此方法。

(2)欧姆表法

欧姆表法是通过检测实验线路、各个元件及导线的阻值变化来判断线路的工作状态及各元件和导线是否完好。

必须注意,欧姆表绝对禁止对带电电路进行检测,因此使用前一定要切断电源,否则将会烧坏欧姆表。

上述两种方法,在一般情况下(即除严重的短路故障外),通常是配合使用,可先用电压表法判断出故障点,然后用欧姆表法对故障点的有关元件和导线进行复检,以确定故障的性质。

应当指出,在实际工作中诊断故障的方法很多,不同性质的故障应用不同的方法加以诊断和处理。

第3章　常用电子仪器使用常识

第1节　单相电量仪表

1.功能介绍

单相电量仪表可测试交流电压、电流、频率、功率因数、无功功率、视在功率、有功功率、相位角等参数。

2.主要性能指标

实验室采用 HF9600E-DS 单相电量仪,主要技术性能如下:

(1)信号输入:单相。

(2)电压额定值:AC 500 V。

(3)电流额定值:AC 5 A。

(4)电网信号频率:45～65 Hz。

(5)工作电压:AC 85～265 V;DC 100～350 V。

(6)安全:输入和电源间>2 kV,输入和输出间>2 kV,电源和输出间>1 kV。

(7)仪表精度:

电流、电压、功率、有功电能:0.5 级;频率精度:0.05 Hz;四象限角度:0°～360°;分辨率:1°;无功电能精度:1 级;温度漂移系数:100 PPM/℃(0～50 ℃)。

(8)测量显示:

HF9600E-DS 电量仪可测量的电网中的电力参数有:电压(V)、电流(A;mA)、视在功率(VA)、有功功率(W/h)、功率因数(PF)、无功功率(Var/h)、频率(Hz)以及相位角(Φ)。

3.使用方法

(1)界面按钮说明

前面板共有四个按钮,每一个按钮都具有两种功能,分别有正常使用的基本功能和进入设置界面的特殊功能。具体说明见图1.3.1。

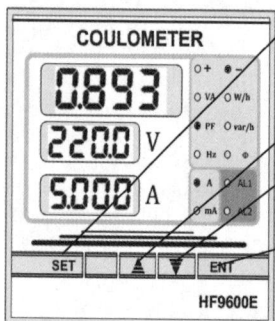

按钮S1　正常显示:按下无作用
设置功能:表示退出当前设置界面或菜单,设置数据时,表示取消当前数据设置

按钮S2　正常显示:切换功能界面
设置功能:菜单模式时为菜单上翻,设置数据时,表示数值减小

按钮S3　正常显示:切换功能界面
设置功能:菜单模式时为菜单下翻,设置数据时,表示数值增大

按钮S4　正常显示:按下无作用
设置功能:菜单模式时为进入当前菜单设置,设置数据时,表示当前数值确定

加速键:数据增大或减小时,配合此键按下,数值加速变化

图 1.3.1　HF9600E-DS 电量仪

（2）使用

在实验电路连接中，Ⓥ两边的插座并联在所测电路两端，可单独作电压表用；Ⓐ两边的插座串联到所测电路中，可单独作电流表用。带"＊"的两个插座表示为同名端，同名端要接到一起，确保电压、电流相对应，相位一致，方向一致，否则会出现仪表的测量错误。

显示窗口有三个，第二、第三个4位显示窗口是电压、电流的测量值；第一个4位显示窗口可作为视在功率（VA）、有功功率（W/h）、功率因数（PF）、无功功率（Var/h）、频率（Hz）以及相位角（Φ）等参数的巡回显示，要转换此显示窗口的内容，只要轻按"▲"或者"▼"即可。

有功功率、无功功率、功率因数的显示有正负值。当切换到功率界面或功率因数界面时，右侧的指示灯会显示正负指示。如：图1.3.1中负号灯亮、PF灯亮、A灯亮，表示：电压为220.0 V，电流为5.000 A，功率因数为−0.893。

第2节　数字合成信号发生器

1.功能介绍

SG1020P数字合成信号发生器（如图1.3.2所示）采用直接数字频率合成技术，具有函数、高速调制、多功能频率扫描和猝发功能。

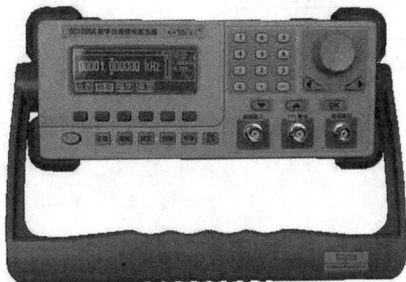

图1.3.2　SG1020P数字合成信号发生器

2.主要性能指标

（1）频率特性：正弦波、方波输出频率10~20 MHz；三角波输出频率10~1 MHz。

（2）电压特性：如果波形数据覆盖DAC的全部范围，则最终输出波形为20Vpp（高阻抗时，Vpp为峰峰值）或10Vpp（外接50 Ω负载时）。如果函数并没有覆盖DAC的全部范围，则输出标定按照全部范围来标定。幅度调节分辨率为10位垂直分辨率DAC产生的直流信号。直流偏移范围为−10~10 V，但是在任何情况下（不管是偏置叠加还是幅度调制、键控），必须满足输出的上峰值小于等于10 V，下峰值大于等于−10 V。如果不满足条件，则自动减小直流偏值。

（3）函数特性：包括正弦波、方波、三角波、DC直流。

（4）调制特性：具有幅度调制、频率调制、相位调制、猝发调制功能。

（5）扫频特性：具有频率线性和对数扫描功能。

（6）I/O特性：仪器接口包括RS-232接口、USB Device接口、IEEE488接口（选配）。

3.使用方法

仪器前面板及其各部分名称如图 1.3.3 所示,常用功能的操作方法如下:

(1)连接电源。

```
功能:[函]  波形:〜  幅度:10.00Vpp
频率:1.000000 kHz  直流:0 mVdc
            ENG 接口 系统
```

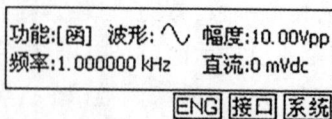

(2)自动显示索引菜单,仪器初始化成功后,进入索引菜单。

(3)进入"函数"主功能,选择需要输出函数。

(4)设置输出频率。

(5)设置输出幅度。

(6)设置输出偏置。

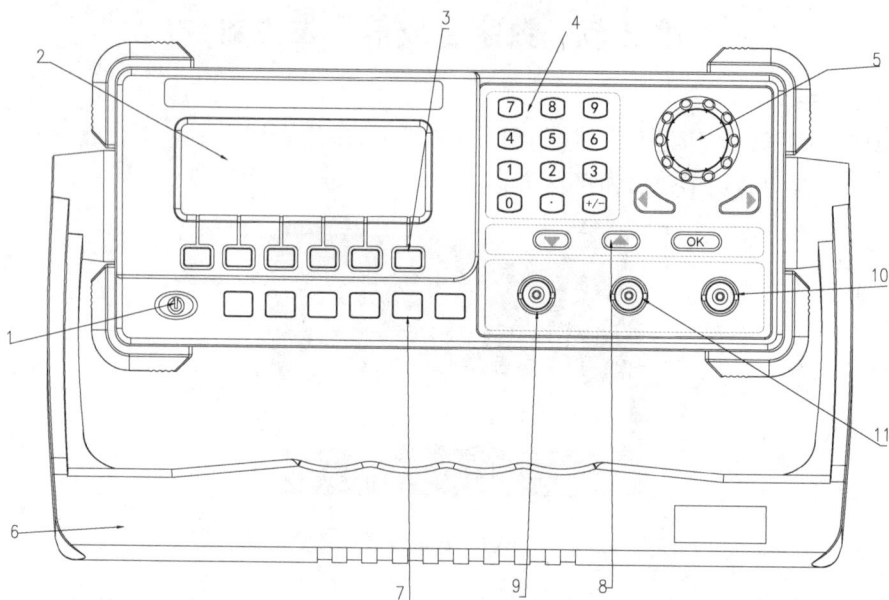

图 1.3.3   信号发生器前面板

1—电源开关;2—显示器;3—软键;4—数字键;5—调节旋钮;6—提手/支架;7—主功能键;
8—方向/确认键;9—外调幅输入;10—电压(波形)输出;11—TTL 输出

第 3 节   示波器

1.功能介绍

示波器是一种用途广泛的电子测量仪器,其主要功能是观察电压信号的波形,测量电压信号的振幅、位相、频率、周期,比较两路信号之间的相位关系。不同示波器面板上的按键、开关、旋钮不尽相同,但基本上可按功能将面板划分为主机、Y 通道、X 通道和触发四个部分。下面以 SDS1102CM 型示波器(如图 1.3.4 所示)为例,介绍示波器的基本性能参数和使用方法。

2.按键、开关和按钮及探头介绍

(1)示波器各开关和按钮介绍如图 1.3.4 所示。

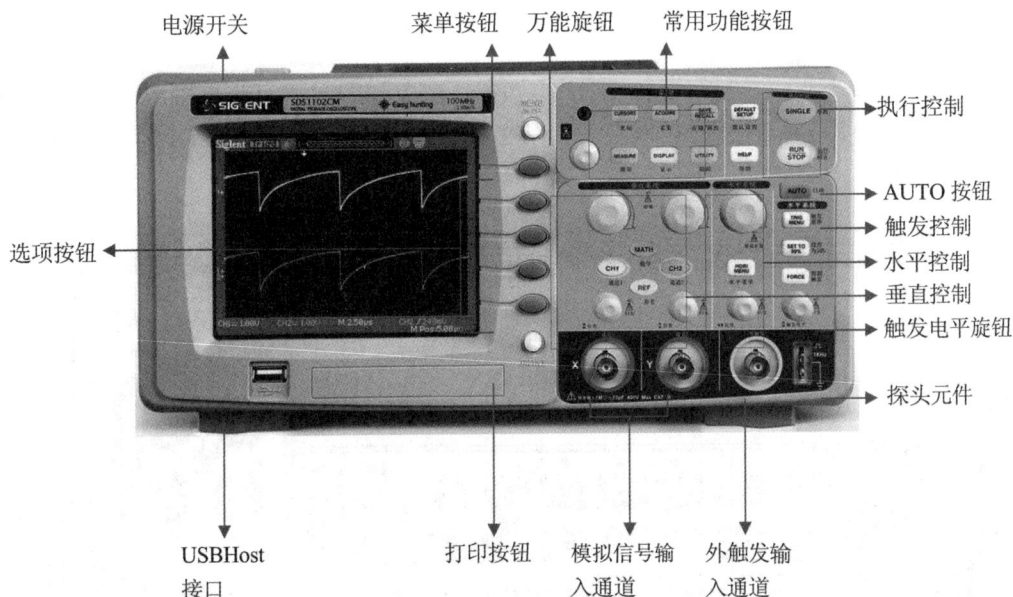

电源开关　　菜单按钮　万能旋钮　常用功能按钮

执行控制

AUTO 按钮
触发控制
水平控制
垂直控制
触发电平旋钮

探头元件

选项按钮

USBHost
接口　　　打印按钮　模拟信号输　外触发输
　　　　　　　　　　入通道　　入通道

图 1.3.4　SDS1102CM 型示波器

(2)示波器探头

示波器是显示被测电压波形的仪器,示波器探头的作用是将被测电压信号无失真地耦合到示波器。示波器探头上通常有"×1"和"×10"两挡。"×1"探头是最简单的探头,信号电压按 1:1 耦合,测量值不必换算。"×10"探头上并联有电阻和电容,电容可调,调整时将探头的测试探头接到示波器标准信号上,用螺丝刀调整电容,使显示的波形尽可能呈方形且顶端平坦,此时测得的数值是实际值的 10 倍。

3.基本操作方法

(1)测量前的准备

接通电源开关后,电源指示灯立即被点亮,将触发方式置于"AUTO",经过一两秒后,屏幕上应出现扫描线。

将探头信号线接示波器的标准信号端钮,适当选择"Y 轴衰减"、"X 轴衰减"、"触发电平"及"X 轴平移"、"Y 轴平移"按钮,可以从屏幕上看到方波波形,适当调整"辉度"和"聚焦"按钮,得到清晰、亮度适中的图形。

(2)观察波形

从屏幕上观察波形,并根据显示的波形调整"Y 轴衰减"、"X 轴衰减"、"触发电平"及"X 轴平移"、"Y 轴平移"按钮,得到稳定的波形。

第4节 台式万用表

1.功能介绍

台式万用表为四位半数字显示、高精度、交流 220 V 供电的高可靠性数字万用表。可用于测量交直流电压、交直流电流、电阻、电容、dBm、热电偶（TC）、热电阻（RTD），以及用于二极管及其通断检测、频率/占空比测量。VC8246A 型数字台式万用表如图 1.3.5 所示。

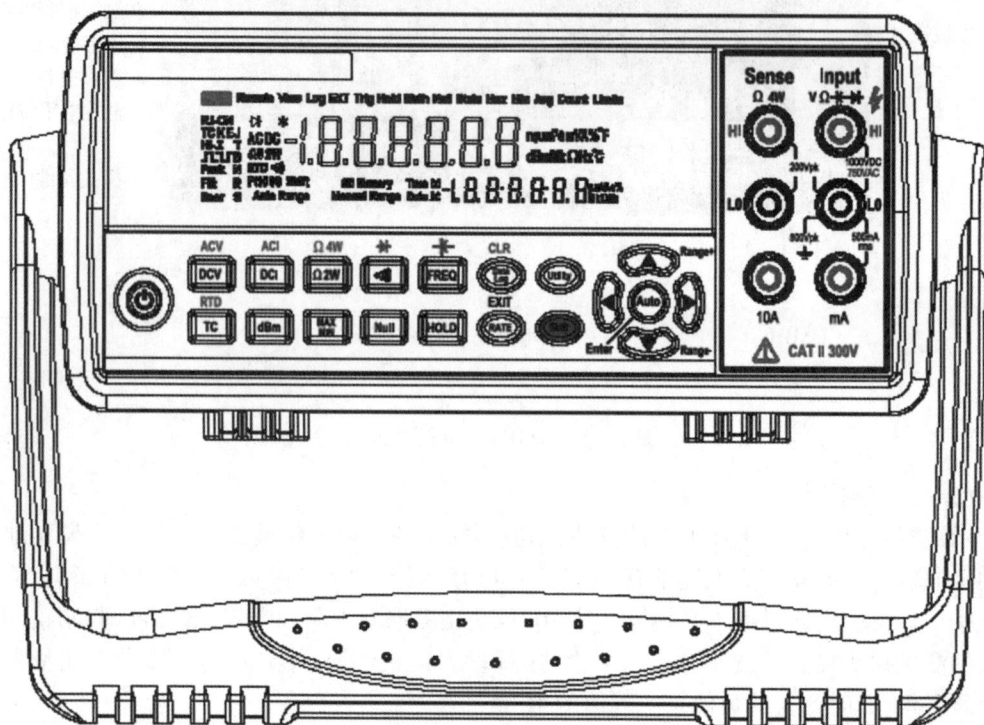

图 1.3.5　VC8246A 型数字台式万用表

2.主要性能指标

（1）测量电压范围：0~1 000 V DC／2.5 mV AC 真有效值。

（2）测量直流电流范围：0~10 A。

（3）测量交流电流范围：20 μA~10 A。

（4）测量电阻范围：0~50 MΩ。

3.面板功能及菜单操作

VC8246A 型数字台式万用表的输入端子如图 1.3.6 所示，按键说明如表 1.3.1 所示。

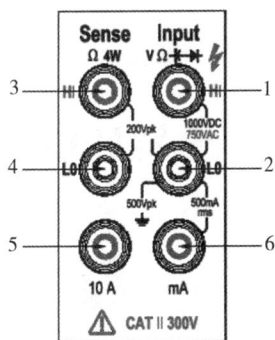

输入插孔	功能说明
1	Input HI：直流电压、直流毫伏电压、交流电压、交流毫伏电压、电阻、二极管、通断、频率、RTD、TC、dBm
2	Input LO：所有测量的公共（返回）端子（−）
3	Sense HI：四线电阻的高端
4	Sense LO：四线电阻的低端
5	mA：交直流电流（安）
6	10 A：交直流电流（毫安、微安）

图 1.3.6 输入端子

表 1.3.1 按键说明

按键	说明	Shift键功能	说明
注释：按"Shift"键选择"蓝色按键功能"，屏幕会出现"Shift"符号			
⏻	在测量功能下按此键打开或关闭显示器		
ACV DCV	按此键选择直流电压测量	Shift ACV DCV	按此键选择交流电压测量
ACI DCI	按此键选择直流电流测量	Shift ACI DCI	按此键选择交流电流测量
Ω4W Ω2W	按此键选择两线电阻测量	Shift Ω4W Ω2W	按此键选择四线电阻测量
⏚	按此键选择通断测量	Shift ⏚	按此键选择二极管测量
FREQ	按此键选择频率测量	Shift FREQ	按此键选择电容测量
RTD TC	按此键选择K型热电偶测量	Shift RTD TC	按此键选择热电阻测量
dBm	按此键选择dBm测量		
MAX MIN	按此键选择最大、最小值功能		
Null	按此键选择相对值测量功能		

第4章 电路仿真软件 Multisim 14.0 编辑环境

单击 Windows 开始按钮。在所有应用中,点击启动 Multisim 14.0(![icon]),打开图 1.4.1 所示的启动界面,完成初始化后,可进入主窗口。

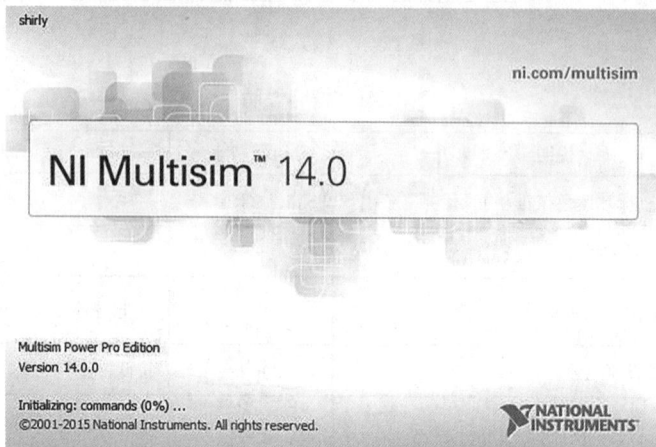

图 1.4.1　NI Multisim 14.0 初始化界面

主窗口界面中主要包括标题栏、菜单栏、工具栏、工作区域、电子表格图示(信息窗口)、状态栏及项目管理器等部分,如图 1.4.2 所示。

一、菜单栏

菜单栏包括文件、编辑、窗口显示、放置、MCU、仿真、转移、工具、报告、选项、窗口和帮助 12 个菜单,如图 1.4.3 所示。

(1)文件:该菜单用于管理电路文件,如文件的打开、新建、保存、打印和退出等操作。

(2)编辑:该菜单在电路绘制过程中,提供对电路和元器件进行剪切、粘贴、旋转等操作命令。

(3)窗口显示:该菜单用于控制仿真界面上显示的内容及电路图缩放的操作命令。

(4)放置:该菜单提供在电路工作窗口内放置元器件、连接器、总线和文字等命令。

(5)MCU:该菜单提供在电路工作窗口内 MCU 的调试操作命令。

(6)仿真:该菜单提供电路仿真设置与操作命令。

(7)转移:该菜单提供 6 个传输命令。

(8)工具:该菜单提供元器件和电路编辑或管理命令。

(9)报告:该菜单提供材料清单等 6 个报告命令。

（10）选项:该菜单提供电路界面和电路某些功能的设定命令。

（11）窗口:该菜单用于对窗口进行纵向排列、横向排列、打开、层叠及关闭等操作。

（12）帮助:该菜单用于打开各种帮助信息。

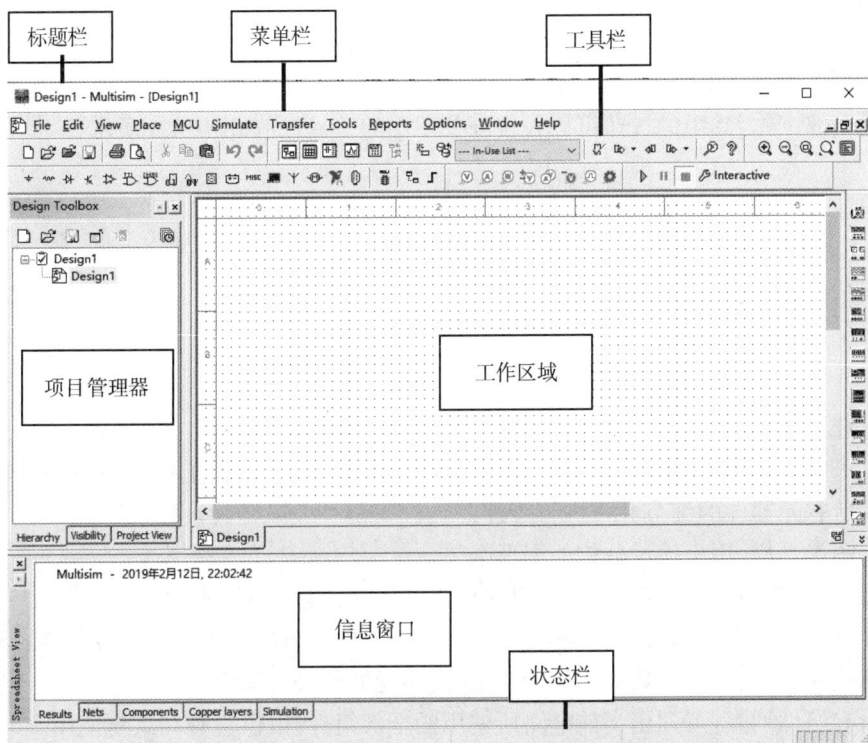

图 1.4.2　NI Multisim 14.0 的主窗口

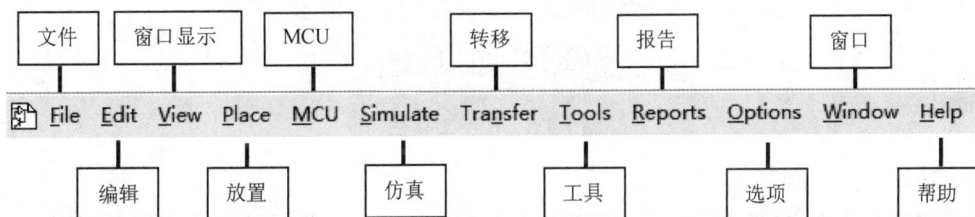

图 1.4.3　菜单栏

二、工具栏

在原理图的设计界面中,Multisim 提供了丰富的工具栏,包括标准工具栏、主工具栏、视图工具栏、元器件工具栏、仿真工具栏、放置探针工具栏、仪表工具栏等。以下将对绘制原理图常用的工具栏进行介绍。

1.标准工具栏

标准工具栏中为用户提供了一些常用的文件操作快捷方式,如新建、打开、打印、复制、粘贴等,以按钮图标的形式表示出来,如图 1.4.4 所示。

图 1.4.4　标准工具栏

2.主工具栏

主工具栏可进行电路的建立、仿真及分析,并最终输出设计数据等,完成对电路从设计到分析的全部工作,其中的按钮可以直接开关下层的工具栏,如图 1.4.5 所示。

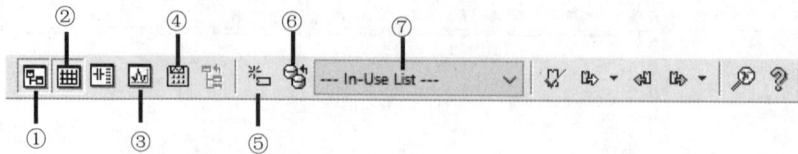

图 1.4.5　主工具栏

①设计工具箱:显示工程文件管理窗口,用于层次项目栏的开启。

②电子表格视图:用于开关当前电路的电子数据表,位于电路工作区下方,可以显示当前工作区所有元器件的细节并可进行管理。

③绘图工具栏:用于显示分析的图形结果。

④后处理器:用于打开后处理器,以对仿真结果进行进一步操作。

⑤元器件向导:打开创建新元器件向导,用于调整或增加、创建新元器件。

⑥数据库管理:可开启数据库管理对话框,对元器件进行编辑。

⑦所有组件列表:可列出当前电路所使用的全部组件,以供检查和重复使用。

3.视图工具栏

视图工具栏中为用户提供了一些视图显示的操作方法,如放大、缩小、缩放区域、缩放页面、全屏等,方便调整所编辑电路的视图大小,如图 1.4.6 所示。

图 1.4.6　视图工具栏

4.元器件工具栏

元器件工具栏按元器件模型分门别类地放到 18 个元器件库中,每个元器件库放置同一类型的元器件,用鼠标单击元器件工具栏的某一个图标即可打开该元器件库。除了这 18 个元器件库按钮,元器件工具栏还包括了"层次块来自文件"和"总线"。元器件工具栏如图 1.4.7 所示。

图 1.4.7　元器件工具栏

5.仿真工具栏

仿真工具栏是运行仿真的一个快捷键,原理图输入完毕,加载虚拟仪器后(没挂虚拟仪器时开关为灰色,即不可用),用鼠标单击即运行或停止仿真,如图 1.4.8 所示。

图 1.4.8　仿真工具栏

6.放置探针工具栏

放置探针工具栏由 8 个按钮组成,如图 1.4.9 所示。

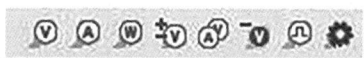

图 1.4.9　放置探针工具栏

7.仪表工具栏

仪表工具栏如图 1.4.10 所示,它是进行虚拟电子实验和电子设计仿真的最快捷而又形象的特殊窗口。

仪表工具栏包括的仪表详见本章"四、常用仿真仪器"。

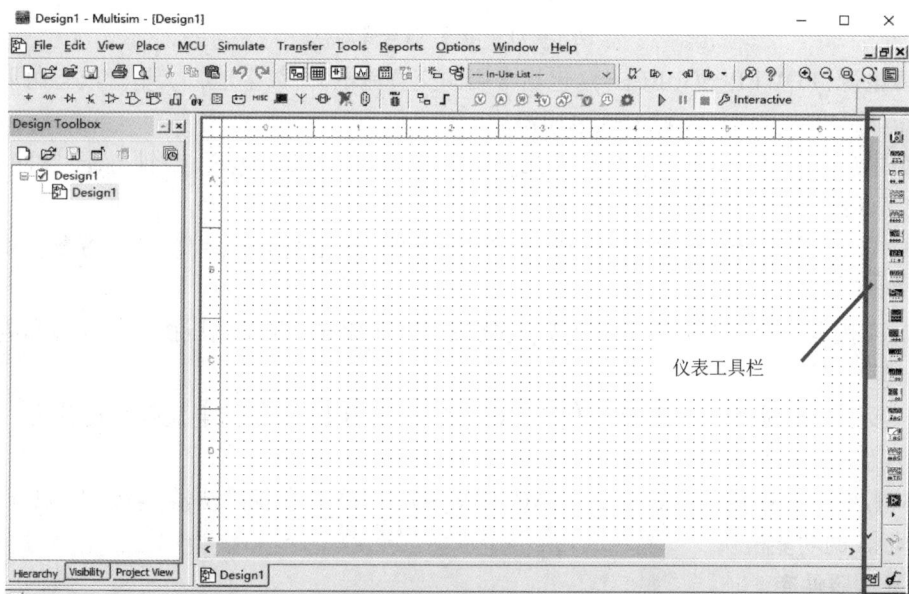

图 1.4.10　仪表工具栏

三、元器件库管理

在绘制电路原理图的过程中,首先要在图纸上放置需要的元器件符号,一般常用的元器件符号都可以在它的元器件库里找到,用户只需要在对应元器件库里查找到所需的元器件符号,并将其放置在图纸中适当的位置即可。

以下将对绘制原理图常用的元器件库进行介绍。

1.电源/信号源库

鼠标点击元器件工具栏中第一个按钮,即 ÷ (Place Source)按钮,即可打开电源/信号源库(Sources 库),如图 1.4.11 所示。

Sources 库的 Family 栏主要包括以下几项。

图 1.4.11　电源/信号源库

（1）电源（POWER_SOURCES）：包括常用的交直流电源，数字地，地，星形或三角形连接的三相电源，VCC、VDD、VEE、VSS 电压源。

（2）电压信号源（SIGNAL_VOLTAGE_SOURCES）：包括交流电压，时钟电压，脉冲电压，指数电压，FM、AM 等多种形式的电压信号。

（3）电流信号源（SIGNAL_CURRENT_SOURCES）：包括交流、时钟、脉冲、指数、FM 等多种形式的电流源。

（4）受控电压源（CONTROLLED_VOLTAGE_SOURCES）：包括电压控制电压源和电压控制电流源。

（5）受控电流源（CONTROLLED_CURRENT_SOURCES）：包括电流控制电流源和电流控制电压源。

（6）控制功能模块（CONTROL_FUNCTION_SOURCES）：包括除法器、乘法器、积分、微分等多种形式的功能模块。

2.基本器件库

鼠标点击元器件工具栏中第二个按钮，即 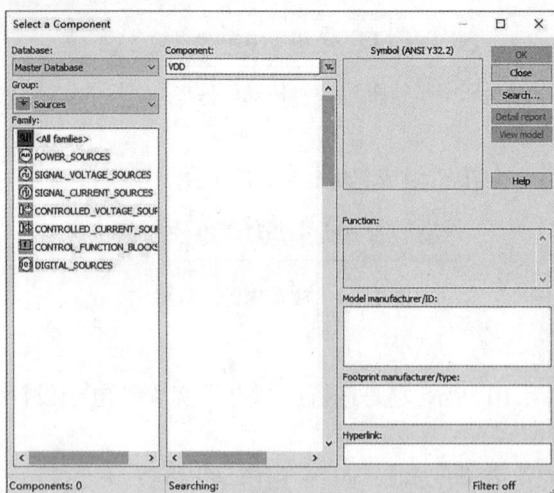（Place Basic）按钮，即可打开基本器件库（Basic 库），如图 1.4.12 所示。

Basic 库的 Family 栏主要包括以下几项。

（1）基本虚拟器件（BASIC_VIRTUAL）：包括一些常用的虚拟电阻、电容、电感、继电器、电位器、可调电阻、可调电容等。

（2）额定虚拟器件（RATED_VIRTUAL）：包括额定电容、电阻、电感、三极管、电动机、继电器等。

（3）开关（SWITCH）：包括电流控制开关、单刀双掷开关（SPDT）、单刀单掷开关（SPST）、时间延时开关、电压控制开关等。

（4）继电器（RELAY）：继电器的触点开合是由加在线圈两端的电压大小决定的。

（5）电阻（RESISTOR）：该元器件栏中的电阻都是标称电阻，是根据真实电阻元器件而

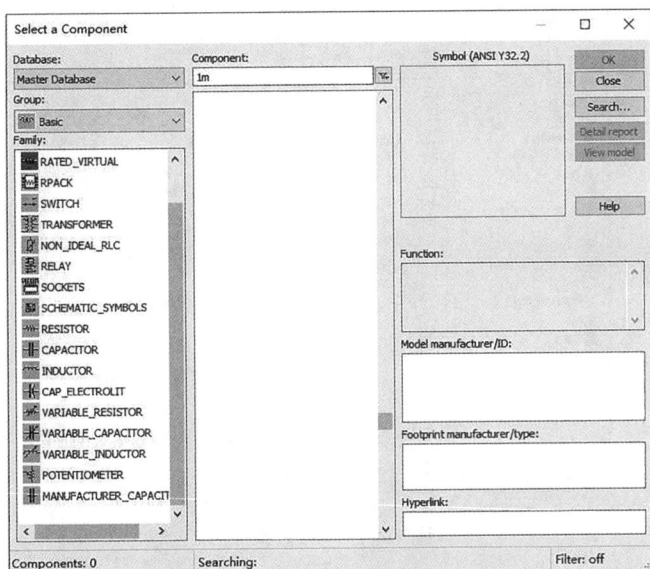

图 1.4.12 基本器件库

设计的,其电阻值不能改变。

(6)电容(CAPACITOR):所有电容都是无极性的,不能改变参数,在仿真中没有考虑误差和耐压大小。

(7)电感(INDUCTOR):使用情况和电容、电阻类似。

(8)电解电容器(CAP_ELECTROLIT):所有电容都是有极性的,"+"极性端子需要接直流高电位。

(9)电位器(POTENTIOMETER):即可调电阻,可以通过键盘字母动态调节电阻,大写表示增大电阻值,小写表示减小电阻值,调节增量可以设置。

(10)其他:可变电阻(VARIABLE_RESISTOR),可变电容(VARIABLE_CAPACITOR),可变电感(VARIABLE_INDUCTOR),变压器(TRANSFORMER),插座(SOCKETS)等。

3.二极管库

鼠标点击元器件工具栏中第三个按钮,即 ✦(Place Diode)按钮,即可打开二极管库(Diode 库),如图 1.4.13 所示。

Diode 库的 Family 栏主要包括以下几项。

(1)虚拟二极管(DIODES_VIRTUAL):相当于理想二极管,其 SOICE 模型是经典值。

(2)二极管(DIODE):包括众多产品型号。

(3)齐纳二极管(ZENER):即稳压二极管,包括众多产品型号。

(4)发光二极管(LED):含有 6 种不同颜色的发光二极管,当有正向电流流过时才可发光。

(5)全波桥式整流器(FWB):相当于使用 4 个二极管对输入的交流进行整流,其中的 2、3 端子接交流电压,1、4 端子作为输出直流端。

(6)可控硅整流桥(SCR):只有当正向电压超过正向转折电压,并且有正向脉冲电流流

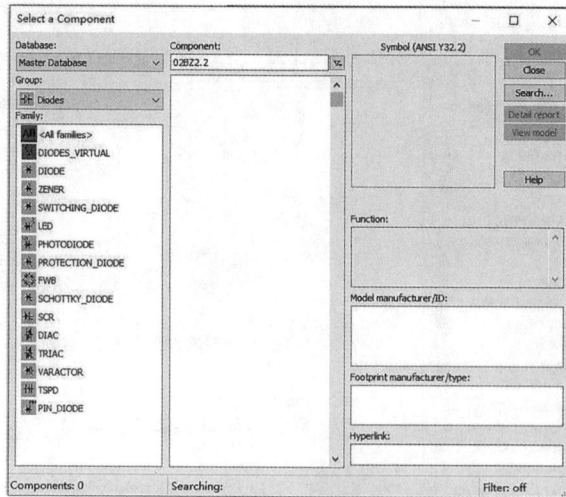

图 1.4.13　二极管库

进栅极 G 时,SCR 才能导通。

(7)其他:双向二极管开关(DIAC),三端开关可控硅开关(TRIAC),变容二极管(VARACTOR)等。

4.晶体管库

鼠标点击元器件工具栏中第四个按钮,即 K (Place Transistor)按钮,即可打开晶体管库 (Transistor 库),如图 1.4.14 所示。

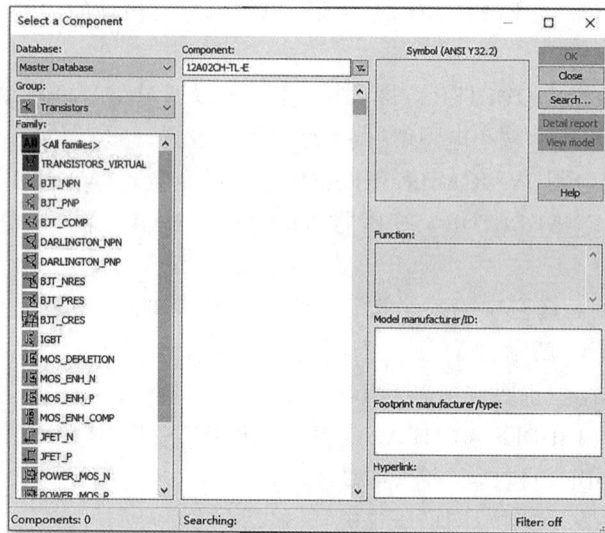

图 1.4.14　晶体管库

Transistor 库的 Family 栏主要包括以下几项。

(1)虚拟晶体管(TRANSISTORS_VIRTUAL):包括 BJT、MOSFET、JFET 等虚拟元器件。

(2)双极结型 NPN 晶体管(BJT_NPN),双极结型 PNP 晶体管(BJT_PNP),达林顿 NPN 管(DARLINGTON_NPN),达林顿 PNP 管(DARLINGTON_PNP)。

（3）其他：绝缘栅双极型晶体管（IGBT），N 沟道耗尽型结型场效应管（JFET_N），P 沟道耗尽型结型场效应管（JFET_P），N 沟道 MOS 功率管（POWER_MOS_N），P 沟道 MOS 功率管（POWER_MOS_P），UJT 管（UJT），温度模型（THERMAL_MODELS）。

5.模拟元器件库

鼠标点击元器件工具栏中第五个按钮，即 ⇒（Place Analog）按钮，即可打开模拟元器件库（Analog 库），如图 1.4.15 所示。

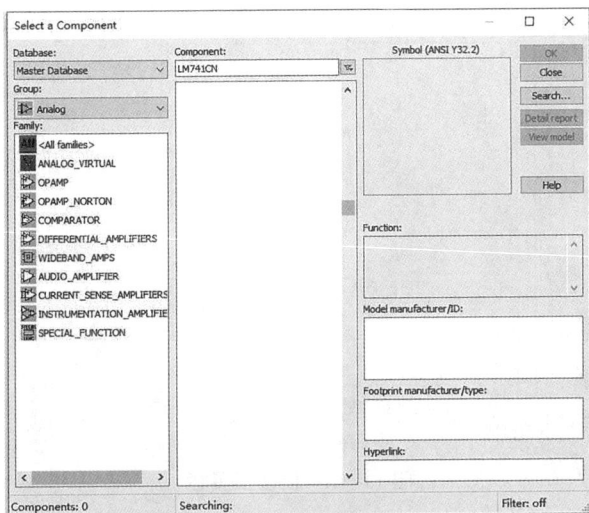

图 1.4.15　模拟元器件库

Analog 库的 Family 栏主要包括以下几项。

（1）模拟虚拟器件（ANALOG_VIRTUAL）：包括虚拟比较器、三端虚拟运放和五端虚拟运放。五端虚拟运放比三端虚拟运放多了正、负电源两个端子。

（2）运算放大器（OPAMP）：包括五端、七端和八端运放。

（3）诺顿运算放大器（OPAMP_NORTON）：即电流差分放大器（CDA），是一种基于电流的器件，其输出电压与输入电流成比例。

（4）比较器（COMPARATOR）：比较两个输入电压的大小和极性，并输出对应状态。

（5）其他：带宽放大器（WIDEBAND_AMPS），特殊功能运算放大器（SPECIAL_FUNCTION）。

四、常用仿真仪器

在实际实验过程中，要使用各种仪器仪表，Multisim 软件中带有各种用于电路测试任务的仪器，这些仪器能够逼真地与电路原理图放置在同一个操作界面里，对实验进行各种测试。

Multisim 14.0 的仪表工具栏如图 1.4.16 所示，包括的仪表有：数字万用表（Multimeter）、函数信号发生器（Function generator）、功率表（Wattmeter）、双踪示波器（Oscilloscope）、4 通道示波器（Four channel oscilloscope）、波特图示仪（Bode Plotter）、频率计（Frequency counter）、字信号发生器（Word generator）、逻辑转换仪（Logic converter）、逻辑分析仪（Logic analyzer）、IV 分析仪（IV analyzer）、失真分析仪（Distortion analyzer）、光谱分析仪（Spectrum analyzer)、网络分析仪（Network analyzer）、安捷伦函数信号发生器（Agilent function generator）、安捷伦万用表（Agilent multimeter）、安捷伦示波器（Agilent oscilloscope）、泰克示波器（Tektronix oscilloscope）、LabVIEW 仪器（LabVIEW instruments）、IN ELVISmx 仪器（IN ELVISmx instruments）和电流探针（Current clamp）。

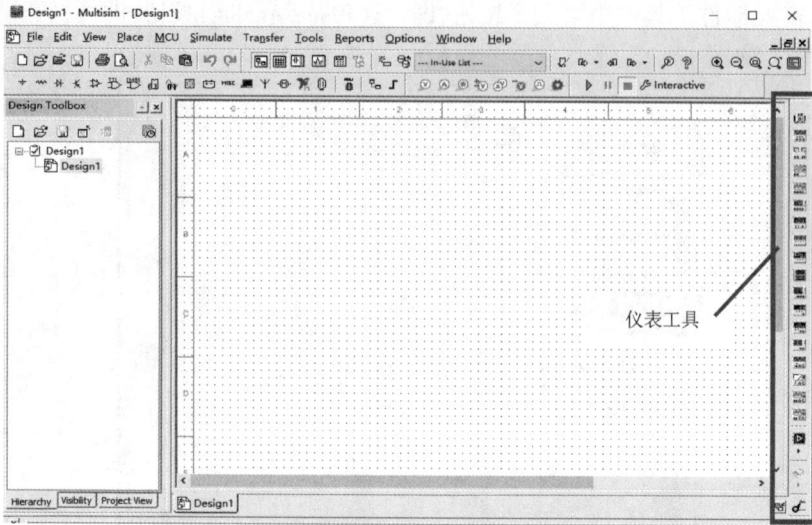

图 1.4.16　仪表工具栏

仪器基本操作：

选用仪器时，可用鼠标单击仪表工具栏中需要用的仪器图标，拖动仪器放到电路窗口，然后将仪器图标中的连接端与相应电路的连接点相连。

鼠标双击仪器图标，便会打开仪器面板。可以使用鼠标操作仪器面板上相应按钮及设置参数设置对话窗口的数据。

1.数字万用表

数字万用表是一种可以用来测量交直流电压、交直流电流、电阻及电路中两点之间的分贝损耗，并可自动调节量程的数字显示的多用表。其连接方法与现实万用表一样，都是通过"＋""－"两个端子连接仪表的。

单击仪表工具栏中的"万用表"按钮 （Multimeter），鼠标上显示浮动的万用表虚影，在电路窗口的相应位置单击鼠标，完成万用表的放置。双击该图标得到数字万用表参数设置控制面板。数字万用表的图标和面板如图 1.4.17 所示，其面板的各个按钮的功能如下：

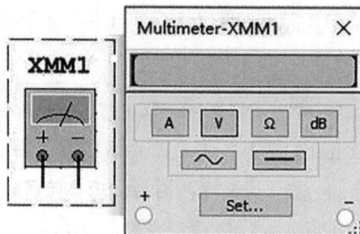

图 1.4.17　数字万用表的图标和面板

（1）显示栏:面板最上面的黑色条形框用于显示测量数值。

（2）测量类型选取栏:单击"A"按钮表示测量电流,单击"V"按钮表示测量电压,单击"Ω"按钮表示测量电阻,单击"dB"按钮表示测量结果以分贝形式显示。

（3）交直流选取栏:单击"～"按钮表示测量交流,其测量值为有效值,单击"——"按钮表示测量直流,其测量值为平均值。如果使用该项来测量交流的话,它的测量值为实际交流值的平均值。

（4）单击面板上的"Set"按钮,弹出如图1.4.18所示的参数设置对话框,用来对万用表的内部参数进行设置,一般保持默认即可。

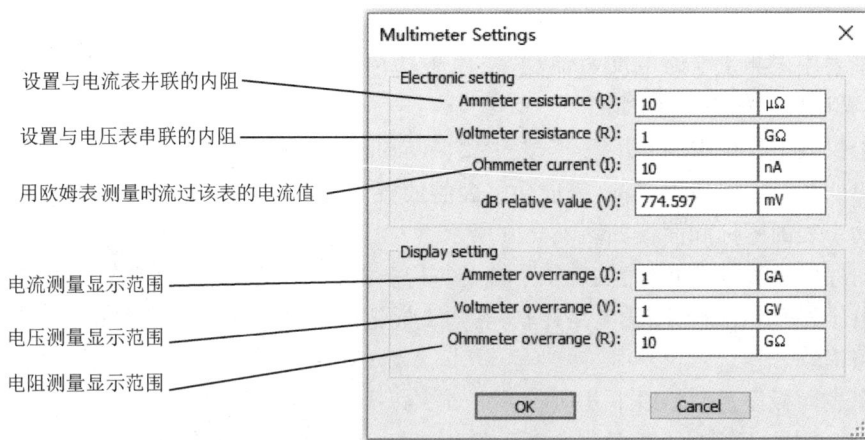

图中各标注:

设置与电流表并联的内阻 —— Ammeter resistance (R)：10　μΩ

设置与电压表串联的内阻 —— Voltmeter resistance (R)：1　GΩ

用欧姆表测量时流过该表的电流值 —— Ohmmeter current (I)：10　nA

dB relative value (V)：774.597　mV

电流测量显示范围 —— Ammeter overrange (I)：1　GA

电压测量显示范围 —— Voltmeter overrange (V)：1　GV

电阻测量显示范围 —— Ohmmeter overrange (R)：10　GΩ

Electronic setting / Display setting / OK / Cancel

图 1.4.18　数字万用表参数设置对话框

万用表与待测设备连接时应注意:

（1）在测量电阻和电压时,应与待测的端点并联。

（2）在测量电流时,应串联在待测电路中。

2.函数信号发生器

函数信号发生器是可提供正弦波、三角波、方波3种不同波形的电压信号源。

单击仪表工具栏中的"函数信号发生器"按钮 ▦（Function generator）,鼠标上显示浮动的函数信号发生器虚影,在电路窗口的相应位置单击鼠标,完成函数信号发生器的放置。双击该图标得到函数信号发生器参数设置控制面板,函数信号发生器的图标和面板如图1.4.19所示。其图标中"+""-"分别表示正、负极性输出端,中间端子为公共端,3个输出端子与外电路相连输出电压信号。

函数信号发生器面板设置包括以下几项。

（1）Waveforms（输出波形选择）:通过上面3个按钮依次选择正弦波、三角波、方波。

（2）Frequency（工作频率）:设置输出信号频率。

（3）Duty cycle（占空比）:设置输出方波和三角波信号的占空比,仅对方波和三角波信号有效。

（4）Amplitude（幅度）:设置输出信号幅度的峰值。

（5）Offset（直流偏置）:设置输出信号的直流偏置电压。默认设置为0,表示输出电压没有叠加直流分量。

(6)Set rise/Fall time 按钮:设置上升沿与下降沿的时间,仅对方波有效。

函数信号发生器与待测设备连接时应注意以下几点:

(1)连接"+"和 COM 端子,输出信号为正极性信号,幅值等于信号发生器的有效值。

(2)连接"−"和 COM 端子,输出信号为负极性信号,幅值等于信号发生器的有效值。

(3)连接"+"和"−"端子,输出信号的幅值等于信号发生器的有效值的 2 倍。

(4)同时连接"+"、COM 和"−"端子,且把 COM 端子接地(与公共地 Ground 符号相连),则输出的两个信号幅度相等、极性相反。

3.功率表

功率表用来测量电路的交直流功率,由于功率单位为瓦特,故该仪器又称瓦特表。另外,功率表还可以测量功率因数。

单击仪表工具栏中的"功率表"按钮 (Wattmeter),鼠标上显示浮动的功率表虚影,在电路窗口的相应位置单击鼠标,完成功率表的放置。双击该图标得到功率表参数设置控制面板。功率表的图标和面板如图 1.4.20 所示。

从图标中可看到,功率表共有 4 个端子与待测电路相连接。左边 V 标记的 2 个端子用于测量电压,使用时应与测量电路并联,右边 I 标记的 2 个端子用于测量电流,使用时应与测量电路串联。

功率表面板设置包括以下几项。

(1)显示栏:面板最上面的黑色条形框用于显示所测量的功率。

(2)Power factor:功率因数显示栏。

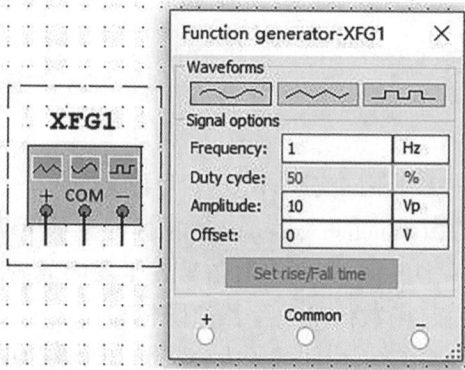

图 1.4.19　函数信号发生器的图标和面板

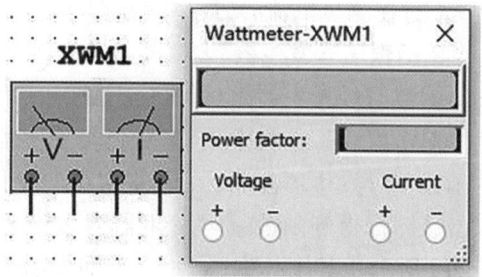

图 1.4.20　功率表的图标和面板

4.示波器

示波器用来显示电信号波形的形状、幅度、频率等参数。

单击仪表工具栏中的"示波器"按钮 (Oscilloscope),鼠标上显示浮动的示波器虚影,在电路窗口的相应位置单击鼠标,完成示波器的放置。双击该图标得到示波器参数设置控制面板,示波器的图标和面板如图 1.4.21 所示。

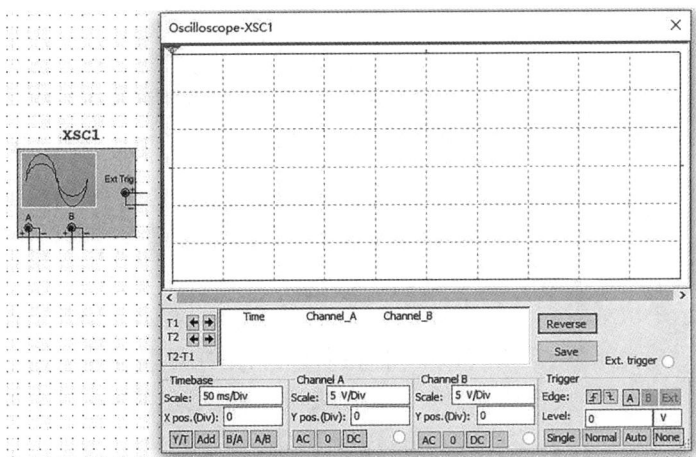

图 1.4.21　示波器的图标和面板

该仪器的图标上共有 6 个端子,分别为 A 通道的正负端、B 通道的正负端和外触发的正负端。只需将 A 或 B 通道的正负端与器件两端相连接,即可测量器件两端的信号波形。

示波器面板设置包括以下几项。

(1)"时基"(Timebase)控制部分。

①时间标尺(Scale):设置 X 轴刻度,显示示波器的时间基准,改变其参数可将波形水平方向展宽或压缩。单击该栏出现一对上、下翻转箭头,通过上、下箭头翻转选择合适的时间刻度。

②X 轴位置控制〔X pos.(Div)〕:用来控制 X 轴的起始点。当 X 的位置调到 0 时,信号从示波器显示屏的左边缘开始,正值使起始点右移,负值使起始点左移。

③显示方式选择:Y/T(幅度/时间)方式(该方式为默认方式),显示随时间变化的信号波形,其中 X 轴显示时间,Y 轴显示电压值;Add 方式,X 轴显示时间,Y 轴显示 A 通道和 B 通道的输入电压之和;B/A 方式,选择将 A 通道信号作为 X 轴扫描信号,B 通道信号幅度除以 A 通道信号幅度后所得信号作为 Y 轴的信号输出;A/B 方式,选择将 B 通道信号作为 X 轴扫描信号,A 通道信号幅度除以 B 通道信号幅度后所得信号作为 Y 轴的信号输出。

(2)示波器输入通道的设置:Channel A 和 Channel B 分别用来设置 A 通道和 B 通道输入信号在 Y 轴的显示刻度。

①Y 轴刻度的选择(Scale):设置 Y 轴的刻度,可以根据输入信号的大小来选择 Y 轴刻度值的大小,使信号波形在示波器显示屏上显示出合适的幅度。

②Y 轴位置控制〔Y pos.(Div)〕:用来控制 Y 轴的起始点。当 Y 的位置调到 0 时,Y 轴的起始点在示波器屏幕中线;当 Y 的位置增大到 1 或减小到-1 时,Y 轴原点位置从示波器屏幕中线向上或向下移一格。改变 A、B 通道的 Y 轴位置有助于比较或分辨两通道的波形。

③Y 轴输入方式,即信号输入的耦合方式。当用 AC 耦合时,滤除显示信号的直流部分,示波器显示输入信号的交流分量。当用 DC 耦合时,将显示信号的直流部分和交流部分叠加后进行显示。当用 0 耦合时,没有信号显示,输出端接地,在 Y 轴设置的原点位置显示

一条水平直线。

（3）触发参数设置区（Trigger）：用来设置示波器的触发方式。

①Edge：表示将输入信号或外触发信号的上升沿或下降沿作为触发信号。

②Level：用于预先设定触发电平的大小。左边文本框用于输入触发电平大小，默认值为0，右边文本框用于设置触发电平单位，默认单位为 V。此项设置只适用于 Single 和 Normal 采样方式，当 A 通道或者 B 通道输入信号大于此处设定的触发电平时，示波器才开始采样。

③Single：表示单次触发方式。当触发电平高于所设置的触发电平时，示波器触发一次。示波器采样一次后停止采样，单击"Single"按钮后，等待下次触发脉冲来临后再开始采样。

④Normal：表示普通触发方式。只要满足触发电平要求，示波器就采样显示输出一次。

⑤Auto：自动触发方式，只要有输入信号就显示波形。

触发源选择包括 A、B 和 EXT（外触发通道）3 个按钮，此项选择仅对 Single 和 Normal 触发方式有效。

⑥A 或 B：使用相应通道的信号作为触发信号，当该通道电压信号大于预先设置的触发电压时才启动采样。

⑦EXT：由外触发端输入的数字信号触发，此项选择只有示波器的外触发端接输入信号才有效。

（4）示波器其他设置。

①波形参数测量：

要显示波形读数的准确值时，可用鼠标将垂直光标拖到需要读取数据的位置。在示波器显示屏幕下方的方框内，显示光标与波形垂直相交点处的时间和电压值，以及两个光标位置之间时间、电压的差值，如图 1.4.22 所示。

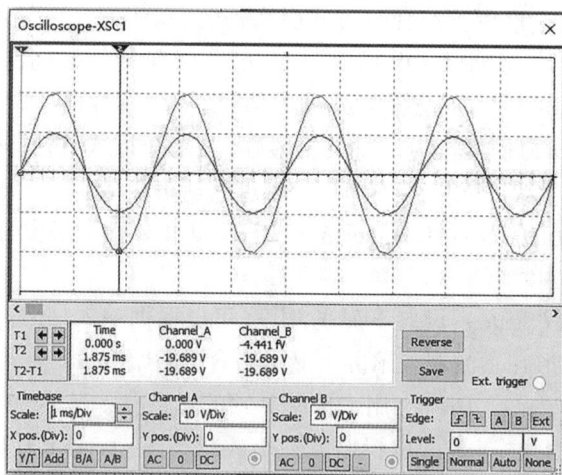

图 1.4.22　示波器的面板

T1：垂直光标 1 的时间位置。Time 显示垂直光标 1 所在位置的时间值，channel_A 和 channel_B 显示该时间处 A 通道和 B 通道所对应的数据值。

T2:垂直光标 2 的时间位置。同上。

T2-T1:垂直光标 T2 与 T1 的时间差。

②波形存储和背景颜色控制:

单击面板右侧的"Reverse"按钮可改变示波器屏幕的背景颜色。单击面板右侧的"Save"按钮可按 ASCII 码格式存储波形数据。

为了区别示波器的 A、B 通道波形,可选中与示波器 A 通道相连的连线并单击鼠标右键并在弹出的对话框中选中 Colour 选项,设定需要的颜色,改变示波器 A 通道的波形颜色。用同样的方法可改变 B 通道的波形颜色,从而使 A、B 通道的颜色不一样,以便区别。

5.波特图示仪

波特图示仪用于测量和显示电路的幅频特性与相频特性。

单击仪表工具栏中的"波特图示仪"按钮 ▦(Bode Plotter),鼠标上显示浮动的波特图示仪虚影,在电路窗口的相应位置单击鼠标,完成波特图示仪的放置。双击该图标得到波特图示仪参数设置控制面板。波特图示仪的图标和使用界面如图 1.4.23 所示。

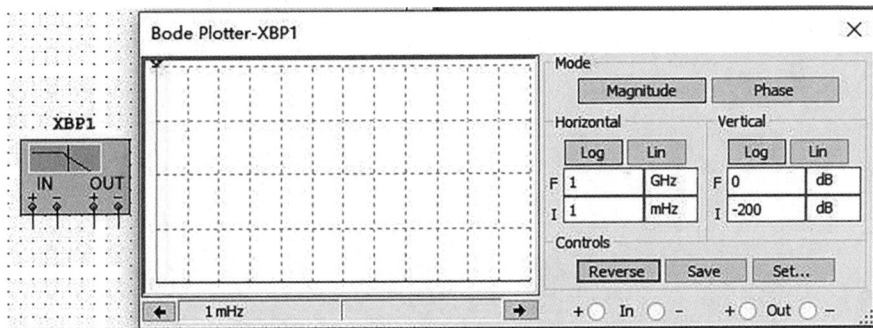

图 1.4.23　波特图示仪的图标和使用界面

其图标中共有 4 个端子,2 个输入端子(In)和 2 个输出端子(Out)。IN 端子的正负分别与电路的输入端的正负端子相连,OUT 端子的正负分别与电路的输出端的正负端子相连。

波特图示仪面板设置包括以下几项。

(1)Mode(模式):设置显示屏幕中的显示内容的类型。

"Magnitude"按钮设置选择显示幅频特性曲线;

"Phase"按钮设置选择显示相频特性曲线。

(2)Horizontal(水平):设置 X 轴的显示类型和频率范围。

"Log"表示坐标标尺是对数的。"Lin"表示坐标标尺是线性的。当测量信号的频率范围较宽时,用 Log 标尺比较好。

"F"表示水平坐标(频率)的最大值。"I"表示水平坐标(频率)的最小值。

(3)Vertical(垂直):设置 Y 轴的标尺刻度类型。

"Log":在测量幅频特性时,单击"Log"按钮后,标尺刻度为 20 Log$A(f)$ dB,$A(f) = V_{Out}/V_{In}$,Y 轴的单位为 dB(分贝)。

"Lin"：单击"Lin"按钮后，Y 轴的刻度为线性刻度。在测量相频特性时，Y 轴坐标表示相位，单位为度，刻度是线性的。

（4）Controls：输出控制区。

"Reverse"：设置背景颜色，在黑色和白色之间切换。

"Save"：保存显示的频率特性曲线及其相关的参数设置。

"Set"：设置扫描的分辨率。

（5）面板屏幕左下角及右下角各有一个箭头，用来调整显示屏幕的显示位置。单击可做左右调整。

第二部分

基本电路实验

实验1　电子元件伏安特性的测定

一、实验目的

(1)掌握电压表、电流表、直流稳压电源等仪器的使用方法。

(2)学习线性和非线性电阻元件伏安特性的测量方法,熟悉伏安特性曲线的绘制方法。

(3)掌握运用伏安法判定电阻元件类型的方法。

二、预习内容

(1)普通二极管与稳压二极管的伏安特性曲线的区别是什么?特别要观察当加上反向电压时两者的区别。

(2)普通二极管加上反向电压后,当反向电压达到击穿电压时,普通二极管会怎么样,还能不能正常工作?

(3)稳压二极管加上反向电压后,当反向电压达到击穿电压时,稳压二极管会怎么样,还能不能正常工作?再继续加大反向电压时,二极管两端的电压会怎么变化,电流会怎么变化?

(4)通常我们理解二极管是正向导通(电压降低一点,即有一个 PN 结压降),反向截止,即电流为零,电路断开,但稳压二极管偏偏要工作在反向,而且反向电压要大。结合稳压二极管的伏安特性曲线,思考这样工作的原因。

(5)实验中要注意:测量电压(或电流)时,电压表的红表笔意味着你假设的电压的"+"

端,电压表的黑表笔意味着你假设的电压的"－"端。所以,当测量电压时,电阻两端接电压表红表笔的那端就是电压参考方向的"＋"端,接电压表黑表笔的那端就是电压参考方向的"－"端。

三、实验原理

1.伏安特性

若二端元件的特性可用加在该元件两端的电压 U 和流过该元件的电流 I 之间的函数关系 $I=f(U)$ 来表征,以电压 U 为横坐标,以电流 I 为纵坐标,绘制 $I-U$ 曲线,则该曲线称为该二端元件的伏安特性曲线。

2.线性电阻元件

线性电阻元件的伏安特性满足欧姆定律。在关联参考方向下,可表示为: $U=RI$,其中 R 为常量,称为电阻的阻值,它不随其电压或电流的改变而改变,其伏安特性曲线是一条过坐标原点的直线,如图 2.1.1(a)所示,该曲线的斜率即电阻 R 的倒数。

线性电阻的伏安特性曲线对称于坐标原点,说明在电路中若将线性电阻反接,也不会影响电路参数。这种伏安特性曲线对称于坐标原点的元件称为双向性元件。实践中我们把普通的电阻视为线性电阻元件。

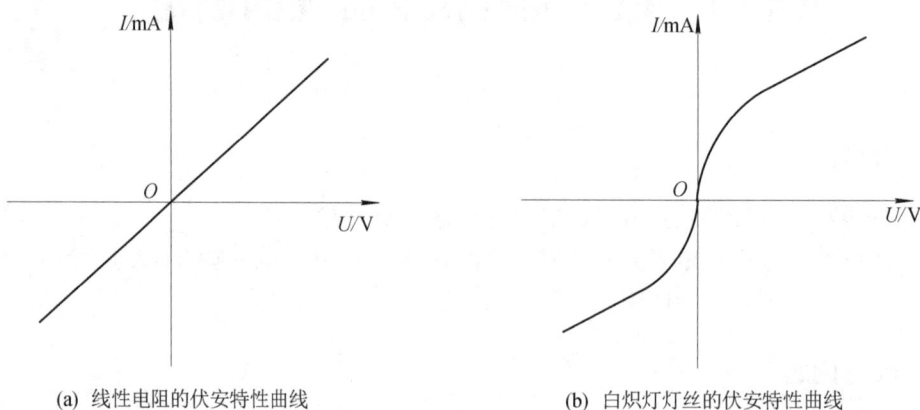

(a) 线性电阻的伏安特性曲线   (b) 白炽灯灯丝的伏安特性曲线

图 2.1.1 伏安特性曲线

3.非线性电阻元件

非线性电阻元件不遵循欧姆定律,它的阻值 R 随着其电压或电流的改变而改变,即它不是一个常量。以白炽灯为例,白炽灯工作时,灯丝处于高温状态,灯丝的电阻随温度升高而增大,而灯丝温度又与流过灯丝的电流有关,所以灯丝阻值随流过灯丝的电流而变化,灯丝的伏安特性曲线不再是一条直线,而是如图 2.1.1(b)所示的曲线。

半导体二极管是一种常用的非线性元件,由 P 型、N 型半导体材料制成 PN 结,经欧姆接触引出电极封装而成。在电路中用图 2.1.2(a)中的符号表示,两个电极分别为正极、负极。普通二极管的主要特点是单向导电性,其伏安特性曲线如图 2.1.2(a)所示,其特点是:在正向电压较小时,电流较小,当正向电压加大到某一数值 U_D 时,正向电流明显增大,将此段直线反向延长与横轴相交,交点 U_D 称为正向导通值电压。正向导通后,锗管的正向电压降为 0.2~0.3 V,硅管为 0.6~0.8 V。在反向电压较大时,电流趋近极限值 $-I_s$,I_s 为反向饱和电流;在反向电压超过某一数值 U_b 时,电流急剧增大,这种情况称为击穿,U_b 为击穿电压。

由于二极管具有单向导电性,它在电子电路中得到了广泛应用,常用于整流、检波、限幅、元件保护以及在数字电路中作为开关元件等。

稳压二极管是一种特殊的硅二极管,表示符号和伏安特性曲线如图 2.1.2(b)所示。由伏安特性知,在反向击穿区一个很宽的电流区间,伏安曲线陡直,此直线反向与横轴相交于 U_W。与一般二极管不同,普通二极管击穿后电流急剧增大,电流超过极限值 $-I_s$,二极管被烧毁。稳压二极管的反向击穿是可逆的,去掉反向电压,稳压管又恢复正常,但如果反向电流超过允许范围,稳压管同样会因热击穿而烧毁。故正常工作时要根据稳压二极管的允许工作电流来设定其工作电流。稳压管常用在稳压、恒流等电路中。

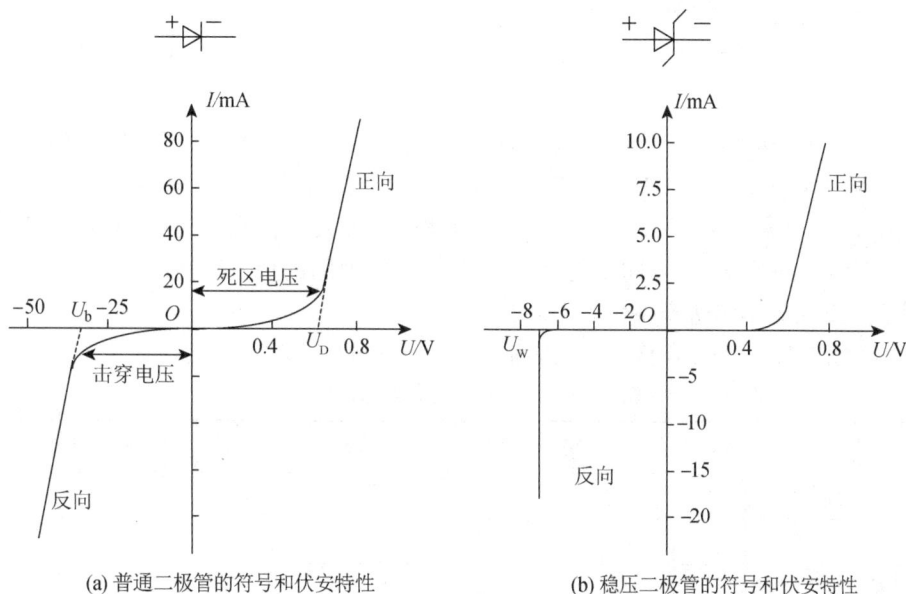

(a) 普通二极管的符号和伏安特性　　　　(b) 稳压二极管的符号和伏安特性

图 2.1.2　典型二极管伏安特性

4.测量方法

在被测电阻元件上施加不同极性和幅值的电压,测量出流过该元件的电流;或在被测电阻元件中通入不同方向和幅值的电流,测量该元件两端的电压,便得到被测电阻元件的伏安特性。

四、实验设备

名称	数量	型号
(1)双路可调直流电源	1 块	30121046
(2)直流电压、电流表	1 块	30111209
(3)电阻	10 只	1 Ω×1,5.1 Ω×1,10 Ω×1,

$22\ \Omega\times1, 51\ \Omega\times2, 100\ \Omega\times2,$
$220\ \Omega\times1, 1\ k\Omega\times1$

(4)白炽灯泡	1只	12 V/0.1 A
(5)电位器	1只	$1\ k\Omega\times1$
(6)灯座	1只	$M=9.3$ mm
(7)二极管	1只	1N4007
(8)稳压二极管	1只	6.2 V
(9)短接桥和连接导线	若干	P8-1 和 50148
(10)实验用9孔插件方板	1块	297 mm ×300 mm

五、实验步骤

1.测量线性电阻元件的伏安特性

(1)按照图 2.1.3 接线,取 $R_L=51\ \Omega$,U_S用直流稳压电源,先将稳压电源输出电压旋钮置于零位。

(2)经检查无误后,打开直流稳压电源开关。调节稳压电源输出电压旋钮,使电压 U_S分别为 0 V、1 V、2 V、3 V、4 V、5 V、6 V、7 V、8 V、9 V、10 V,并测量相对应的电流值 I 及负载 R_L两端电压 U,将数据记入表 2.1.1 中。然后断开电源,将稳压电源输出电压旋钮置于零位。

(3)根据测得的数据,在坐标纸上绘制出 $R_L=51\ \Omega$ 电阻的伏安特性曲线。

2.测量小灯泡灯丝的伏安特性

(1)按照图 2.1.4 接线,并将稳压电源输出电压旋钮置于零位。

表 2.1.1　线性电阻元件实验数据

	U_S(V)	0	1	2	3	4	5	6	7	8	9	10
测量	I(mA)											
	U(V)											
计算	$R_L=U/I$ (Ω)											

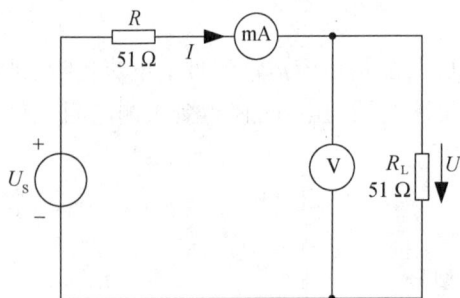

图 2.1.3　线性电阻元件的实验线路　　　图 2.1.4　非线性电阻元件(灯泡)的实验线路

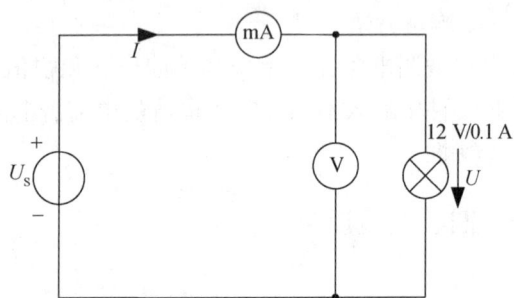

(2)经检查无误后,打开直流稳压电源开关。调节稳压电源输出电压旋钮,使其输出电

压分别为 0 V、1 V、2 V、3 V、4 V、5 V、6 V、7 V、8 V、9 V、10 V、11 V、12 V,并测量相对应的电流值 I 及灯泡两端电压 U,将数据记入表 2.1.2 中。然后断开电源,将稳压电源输出电压旋钮置于零位。

表 2.1.2　小灯泡实验数据

	U_s(V)	0	1	2	3	4	5	6	7	8	9	10	11	12
测量	I(mA)													
	U(V)													
计算	$R=U/I$(Ω)													

(3)根据测得的数据,在坐标纸上绘制出小灯泡灯丝的伏安特性曲线。

3.测量普通二极管的正向伏安特性

(1)按照图 2.1.5(a)接线,并将稳压电源输出电压旋钮置于零位,可调电阻 R_2 取最大值。

(2)经检查无误后,打开直流稳压电源开关。电压从最小开始调节,观察正向电流,当开始有正向电流时即缓慢地调节 R_2 使电压缓慢变化(另加分压保护电阻 R_1),正向电流达到 20 mA 时实验结束,这里要求实验数据不能少于 20 个。记录 $I-U_d$ 关系数据于表 2.1.3 中,并在坐标纸上绘制出正向伏安特性曲线。

表 2.1.3　二极管正向伏安特性试验数据

测量	I(mA)									
	U_d(V)									
计算	$R=U_d/I$(Ω)									

注意:由于普通二极管的反向击穿电压一般很大(约 100 V),远远超出了安全电压的范围,因而实验中不需要测量普通二极管的反向伏安特性。

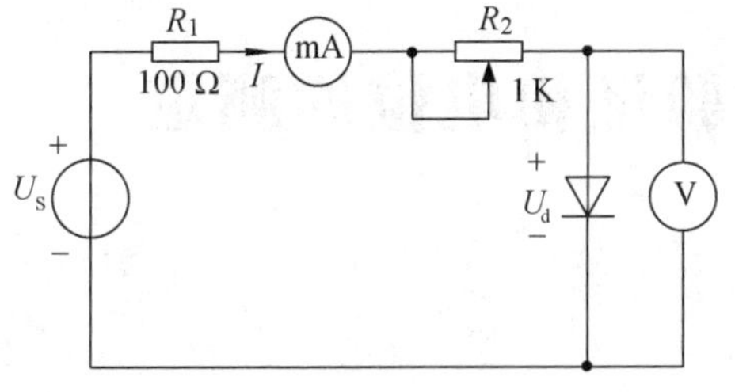

(a) 普通二极管正向伏安特性 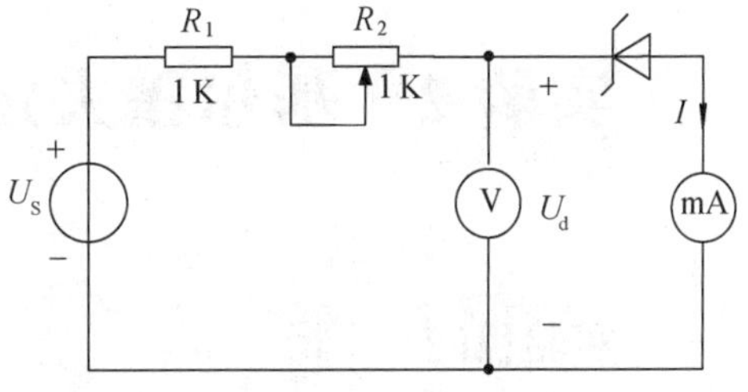　　　　(b) 稳压二极管反向伏安特性

图 2.1.5　二极管伏安特性测量原理图

4.测量稳压二极管的反向伏安特性

(1)按照图 2.1.5(b)接线,并将稳压二极管连接到反向伏安特性测量电路中。

(2)测反向击穿特性(稳压特性),实验数据不能少于 10 个,测出反向电流达 10 mA 时稳压二极管的反向击穿电压(稳定电压)。记录 $I-U_d$ 关系数据于表 2.1.4 中。

表 2.1.4　稳压管反向伏安特性试验数据

测量	$I(\text{mA})$								
	$U_d(\text{V})$								
计算	$R=U_d/I(\Omega)$								

(3)在坐标纸上绘制出稳压管的伏安特性曲线。

六、注意事项

(1)电流表应串接在被测电流支路中,电压表应并接在被测电压两端,要注意直流仪表"+""−"端钮的接线,并选取适当的量限。

(2)使用测量仪表前,应注意对量程进行正确的选择。

(3)直流稳压电源的输出端不能短路。

七、思考题

(1)比较 51 Ω 电阻与白炽灯的伏安特性曲线,分析这两种元件的性质有什么异同。

(2)从伏安特性曲线看欧姆定律,它对哪些元件成立,对哪些元件不成立?

(3)在测量稳压二极管的反向伏安特性时,电压表的极性是怎样的,这样测量的电压是稳压二极管的什么电压,应该画在伏安曲线的哪个区域?

(4)什么叫双向元件? 本实验所用的元件中,哪些是双向元件,哪些不是?

八、实验报告要求

(1)根据测量数据,进行相应的计算,并在坐标纸上按比例绘出各元件伏安特性。

(2)回答思考题。

实验 2　基尔霍夫定律验证和电位的测定

一、实验目的

(1)验证基尔霍夫电流定律(KCL)和电压定律(KVL)。

(2)通过电路中各点电位的测量加深对电位、电压及它们之间关系的理解。

(3)通过实验加强对参考方向的掌握和运用的能力。

二、预习内容

计算图 2.2.1 中的:

(1)电流:I_1、I_2、I_3(注意图中标注的电流参考方向)。

（2）电压：U_{ab}、U_{bc}、U_{be}。

（3）电位以 c 点为参考节点时：U_a、U_b、U_c、U_d、U_e。

（4）关于实际电路中参考方向的设置，见实验1中预习内容的注意部分。

三、实验原理

1.基尔霍夫电流定律(KCL)

电路中任意时刻流进(或流出)任一节点的电流的代数和等于零。其数学表达式为

$$\sum I = 0 \tag{2.2.1}$$

规定：流出节点的电流为正，流入节点的电流为负。基尔霍夫电流定律反映了电流的连续性，说明了节点上各支路电流的约束关系(称为拓扑约束)，它与电路中元件的性质无关。不论元件是线性的或是非线性的，含源的或是无源的，时变的或是时不变的。

2.基尔霍夫电压定律(KVL)

按约定的参考方向，在任一时刻，集中参数电路中任一回路上全部元件两端电压代数和恒等于零，即

$$\sum U = 0 \tag{2.2.2}$$

它说明了电路中各支路电压的约束关系(称为拓扑约束)，它与电路中元件的性质无关。式(2.2.2)中规定：凡支路或元件电压的参考方向与回路绕行方向一致者取正号，反之取负号。

3.参考方向

KCL 和 KVL 表达式中的电流和电压都是代数量。它们除具有大小之外，还有方向，其方向是以量值的正、负表示的。为便于研究问题，人们通常在电路中假定一个方向作为参考，称为参考方向。当电路中电流(或电压)的实际方向与参考方向相同时取正值，当实际方向与参考方向相反时取负值。

实验中电压、电流是通过电压表与电流表来测量的。电压表、电流表具有两个端子，一个标"＋"，另一个标"－"。电压表上的电压方向由端子"＋"指向端子"－"(由电压表的内部结构所决定，电流表也是如此)。在测量电压、电流时，若电压表、电流表的方向与实际方向一致，则该测量值为正值，否则为负值。如果是指针式仪表，则当表的方向与实际方向一致时指针正向偏转，读数为正值；相反时指针反向偏转，则需要倒换表的端子极性，再测量，取其值为负。因此，在进行电压、电流测量时，应先将表的"＋""－"端子与参考方向保持一致。

4.电位与电位差

在电路的电位表示中，首先要选取电位的参考点，并默认该点电位为零，但是该点的选取是任意的，因此造成同一个点，例如 A 点，由于参考点选择不同，A 点电位的测量值不同。因此讨论电路中各点的电位，必须首先声明电位的参考点。而另一种更实用的表示方法为电压，即两点间的电位差，这样无论电位的参考点如何选取，两点间的电位差，即电压是不变的。例如：$U_{ab} = U_a - U_b$，其中，U_{ab} 为电压，U_a、U_b 为电位。

四、实验设备

名称	数量	型号
(1)双路可调直流电源	1块	30121046
(2)直流电压电流表	1块	30111209
(3)电阻	4只	100 Ω×1,150 Ω×1,220 Ω×1,510 Ω×1
(4)测电流插孔	3只	
(5)电流插孔导线	1条	
(6)短接桥和连接导线	若干	P8-1 和 50148
(7)实验用9孔插件方板	1块	297 mm×300 mm

五、实验步骤

1.基尔霍夫电流定律(KCL)的验证

(1)将直流稳压电源 U_{S_1}、U_{S_2} 电压调到指定值,然后将电源关闭。按图 2.2.1 接线。

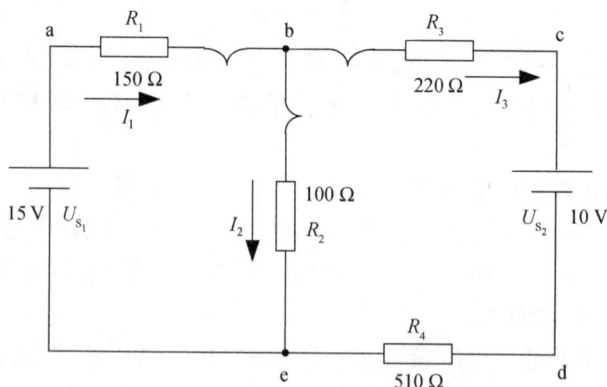

图 2.2.1　验证基尔霍夫定律实验线路

(2)用电流表依次测出电流 I_1、I_2、I_3,数据记入表 2.2.1。

(3)根据 KCL 定律式(2.2.1),计算 $\sum I$,将结果填入表 2.2.1,验证 KCL。

表 2.2.1　验证 KCL 实验数据

I_1(mA)	I_2(mA)	I_3(mA)	$\sum I$(计算)

2.基尔霍夫电压定律(KVL)的验证

(1)仍按图 2.2.1 接线。

(2)用电压表依次测出回路1(绕行方向:beab)和回路2(绕行方向:bcdeb)中各支路电压值,数据记入表 2.2.2。

(3)根据 KVL 定律式(2.2.2),计算 $\sum U$,将结果填入表 2.2.2,验证 KVL。

表 2.2.2 验证 KVL 实验数据

回路 1 （beab）	$U_{be}(V)$	$U_{ea}(V)$	$U_{ab}(V)$		$\sum U$（计算）
回路 2 （bcdeb）	$U_{bc}(V)$	$U_{cd}(V)$	$U_{de}(V)$	$U_{eb}(V)$	$\sum U$（计算）

3.电位的测定

（1）仍按图 2.2.1 接线。

（2）分别以 c、e 两点作为参考节点（即 $U_c=0$、$U_e=0$），测量图 2.2.1 中各节点电位,将测量结果记入表 2.2.3 中。

表 2.2.3 不同参考点电位测量

测试值（V）	U_a	U_b	U_c	U_d	U_e
c 为参考节点时					
e 为参考节点时					

（3）根据表 2.2.3,计算不同参考点时两点间电压,填入表 2.2.4,通过计算验证:电路中任意两点间的电压与参考点的选择无关。

表 2.2.4 计算不同参考点时两点间电压

计算值（V）	U_{ab}	U_{bc}	U_{cd}	U_{de}	U_{eb}	U_{ea}
c 为参考节点时						
e 为参考节点时						

六、注意事项

（1）使用指针式仪表时,要特别关注指针的偏转情况,及时调换表的极性,防止指针打弯或损坏仪表。

（2）验证 KCL、KVL 时,电压源端电压都要进行测量,实验中给定的已知量仅作为参考。

（3）测量电压、电位、电流时,不但要读出数值来,还要判断实际方向,并与设定的参考方向进行比较,若不一致,则该数前加"−"。

（4）为减小误差,在测量不同的电压、电流时注意量程的调换。

七、思考题

（1）测量电压、电流时,如何判断数据前的正负号?电位出现负值,其意义是什么?

（2）已知某支路电流约为 20.5 mA,现有一电流表分别有 20 mA、200 mA 和 2 A 这 3 挡量程,你将使用电流表的哪挡量程进行测量?为什么?

（3）改变电流或电压的参考方向,对验证基尔霍夫定律有影响吗?为什么?

八、实验报告要求

（1）分别计算表中 $\sum I$、$\sum U$ 是否为零,并分析误差原因。

（2）对表2.2.4的计算值进行分析,可以得出什么结论?

（3）回答思考题。

实验3　电压源与电流源的等效变换

一、实验目的

（1）掌握建立电源模型的方法。

（2）掌握电源外特性的测试方法,认识理想电压源、理想电流源、实际电压源、实际电流源的伏安特性。

（3）验证实际电压源与实际电流源等效变换的条件。

二、预习内容

（1）计算图2.3.4中电流表的电流等于多少?

（2）计算图2.3.5中电流表的电流等于多少?

（3）计算图2.3.6中电压表的电压等于多少?

（4）计算图2.3.7中电压表的电压等于多少?

（5）实验中电流源短路可以吗? 电流源开路可以吗? 在电流源短路时,测量一下电流表的电压等于多少。在电流源连接一个100 Ω电阻时,用电压表测量电流源两端电压值。调节电流源的电流值,电压表的电压值怎样变化?

通过这个实验,希望同学们以后注意:在列写KVL方程时,电流源的电压不能忽略不写。

同样,大家也可以去验证一下电压源的电流是怎样的。但是要注意,电压源是不能短路的,所以验证时不要把电压源两端短接。

三、实验原理

1.直流电压源

（1）直流电压源

理想的直流电压源输出固定幅值的电压,而它的输出电流大小取决于它所连接的外电路。因此它的外特性曲线是平行于电流轴的直线,如图2.3.1(a)中实线所示。实际电压源的外特性曲线,如图2.3.1(a)中虚线所示,在线性工作区它可以用一个理想电压源 U_s 和内电阻 R_s 相串联的电路模型来表示,如图2.3.1(b)所示。如图2.3.1(a)中角 θ 越大,说明实际电压源内阻 R_s 值越大。实际电压源的电压 U 和电流 I 的关系式为:

$$U=U_s-R_s \cdot I \tag{2.3.1}$$

（2）测量方法

将电压源与一可调负载电阻串联，改变负载电阻 R_2 的阻值，测量出相应的电压源电流和端电压，便可以得到被测电压源的外特性。

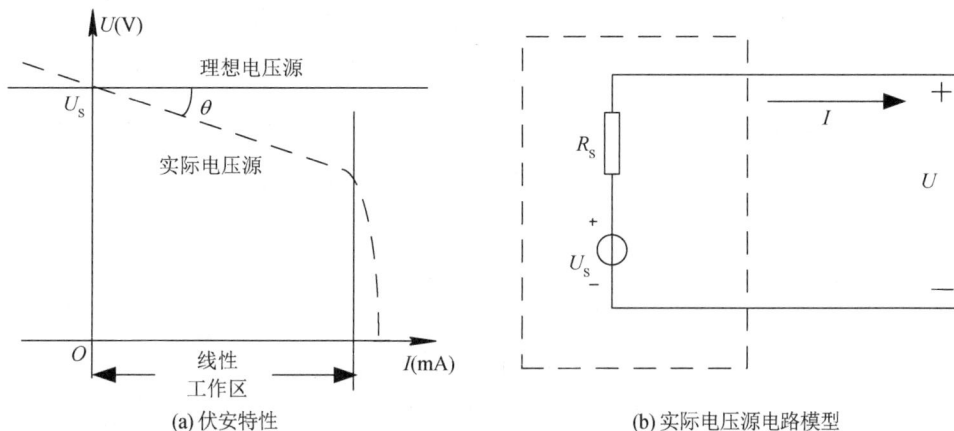

图 2.3.1　电压源

2.直流电流源

（1）直流电流源

理想的直流电流源输出固定幅值的电流，而其端电压的大小取决于外电路，因此它的外特性曲线是平行于电压轴的直线，如图 2.3.2（a）中实线所示。实际电流源的外特性曲线，如图 2.3.2（a）中虚线所示。在线性工作区它可以用一个理想电流源 I_s 和内电导 G_s（$G_s = 1/R_s$）相并联的电路模型来表示，如图 2.3.2（b）所示。图 2.3.2（a）中的角 θ 越大，说明实际电流源内电导 G_s 值越大。实际电流源的电流 I 和电压 U 的关系式为：

$$I = I_s - U \cdot G_s \tag{2.3.2}$$

（2）测量方法

电流源外特性的测量与电压源的测量方法一样。

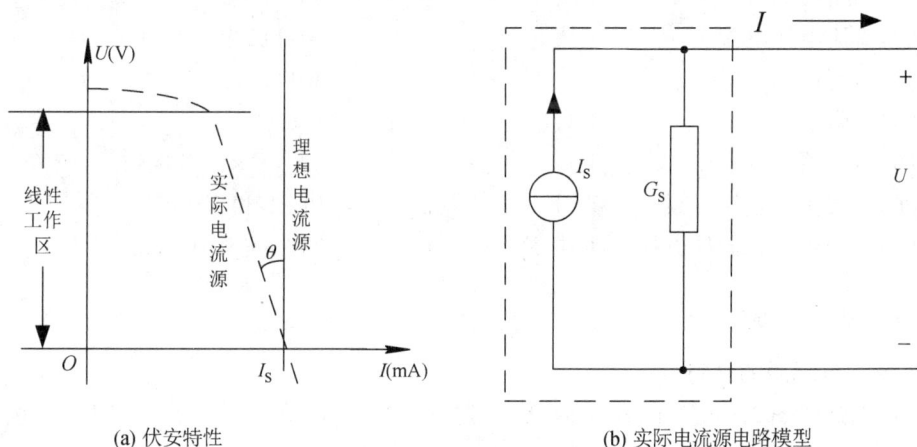

图 2.3.2　电流源

3.实际电源等效变换

就其外特性而言,实际电源既可以看成是一个电压源,又可以看成是一个电流源。若视为电压源,则可用一个电压源 U_S 与一个电阻 R_0 相串联的组合来表示;若视为电流源,则可用一个理想电流源 I_S 与一个电导 G_0 相并联的组合来表示;若它们向同样大小的负载提供同样大小的电流和端电压,则称这两个电源是等效的,即具有相同的外特性。其等效变换的条件为

$$I_S = \frac{U_S}{R_0} \quad G_0 = \frac{1}{R_0} \tag{2.3.3}$$

或

$$U_S = I_S R_0 \quad R_0 = \frac{1}{G_0} \tag{2.3.4}$$

电压源-电流源等效变换如图 2.3.3 所示。

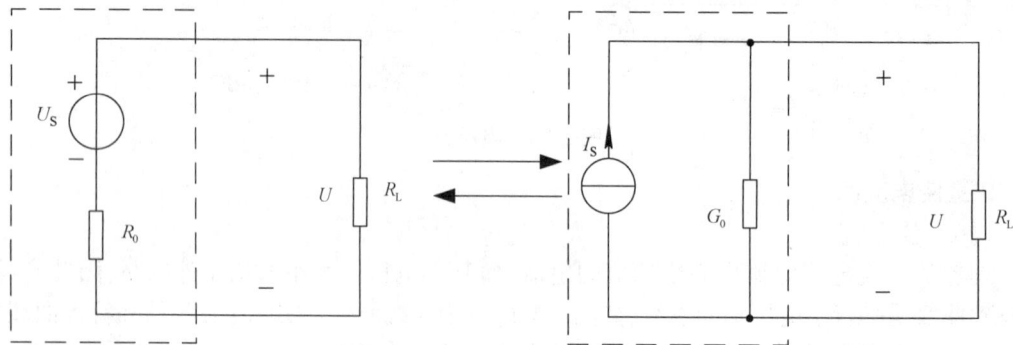

图 2.3.3 电压源-电流源等效变换

四、实验设备

名称	数量	型号
(1)双路可调直流电源	1 块	30121046
(2)直流电压电流表	1 块	30111209
(3)恒流源	1 块	30111113
(4)电阻	1 只	1 kΩ×1
(5)电位器	1 只	6.8 kΩ×1
(6)短接桥和连接导线	若干	P8-1 和 50148
(7)实验用 9 孔插件方板	1 块	297 mm×300 mm

五、实验步骤

1.测量电压源的外特性

(1)电路如图 2.3.4 所示,U_S 为+6 V 直流稳压电源,调节电位器 R_2,令其阻值由大至小变化,电流表指示数值如表 2.3.1 中变化,记录电压表对应的读数,填入表 2.3.1。

注意:调节电压源的电压时,要用电压表来测量,不要看电压源上的电压表。

表 2.3.1 电压源电压、电流实验数据

$I(\text{mA})$	0(空载)	1	1.5	2.0	2.5	3.0	3.5	4.0	4.5	5.0
$U(\text{V})$										

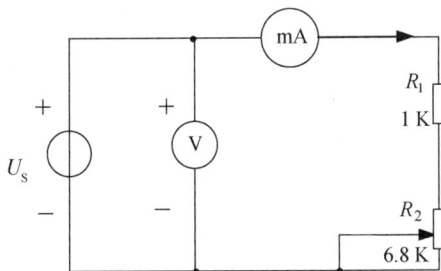

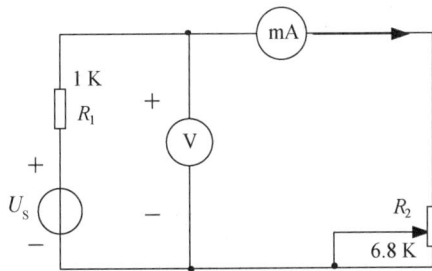

图 2.3.4 测量(近似)理想电压源外特性电路 图 2.3.5 测量实际电压源外特性电路

(2)电路如图 2.3.5 所示,调节电位器 R_2,令其阻值由大至小变化,电压表指示数值如表 2.3.2 中变化,记录电流表对应的读数,填入表 2.3.2。

注意:在测量时电流表要选择合适的量程。

表 2.3.2 实际电压源电压、电流实验数据

$U(\text{V})$	6.0(空载)	5.0	4.5	4.0	3.5	3.0	2.5	2.0	1.5
$I(\text{mA})$									

2.测量电流源的外特性

(1)电路如图 2.3.6 所示,I_S 为直流恒流源,调节其输出为 6 mA,调节电位器 R_L,按表 2.3.3 给出的电压值测出对应的输出电压。

注意:①调节电流源的电流时,要用电流表来测量,不要看电流源上的电流表。

②注意在测量时,电流表要选择合适的量程。

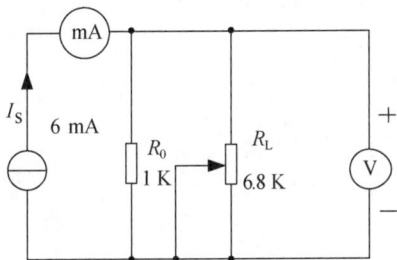

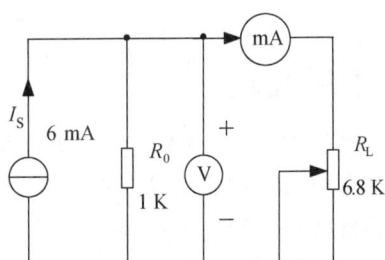

图 2.3.6 测量(近似)理想电流源外特性电路 图 2.3.7 测量实际电流源外特性电路

表 2.3.3 电压源电压、电流实验数据

$U(\text{V})$	5.0	4.5	4.0	3.5	3.0	2.5	2.0	1.0	短路
$I(\text{mA})$									

(2)电路如图 2.3.7 所示,调节电位器 R_L,按表 2.3.4 给出的电压值测出对应的输出

电流。

表 2.3.4　实际电流源电压、电流实验数据

$U(V)$	5.0	4.5	4.0	3.5	3.0	2.5	2.0	1.5	短路
$I(mA)$									

六、注意事项

(1)在测电压源外特性时,不要忘记测空载时的电压值;测电流源外特性时,不要忘记测短路时的电流值,注意恒流源负载电压不可超过 20 V,负载更不可开路。

(2)换接线路时,必须关闭电源开关。

(3)直流仪表的接入应注意极性与量限。

七、思考题

(1)恒压源和恒流源是否能够进行等效变换? 为什么?

(2)直流稳压电源的输出端为什么不允许短路?

八、实验报告要求

(1)根据实验数据绘出电源的 4 条外特性曲线,并总结、归纳各类电源的特性。

(2)从实验结果中验证电源等效变换的条件。

(3)回答思考题。

实验 4　叠加和齐性原理的验证

一、实验目的

(1)验证叠加定理,加深对该定理的内容及适用范围的理解。

(2)掌握叠加原理的测定方法。

(3)验证齐性原理。

二、预习内容

计算:根据图 2.4.2,计算表 2.4.1 中的电流值和电压值。

三、实验原理

叠加原理:在线性电路中,任一支路电流(或电压)都是电路中各个独立电源单独作用时在该支路中产生的电流(或电压)的代数和。

　　线性电路的齐性原理是:在线性电路中,当所有激励(电压源和电流源)都增大(或缩小到原来的)K倍(或$1/K$,K为实常数)时,其响应(电压和电流)也将同样增大(或缩小到原来的)K倍(或$1/K$)。

　　图2.4.1所示实验电路中有一个电压源U_S及一个电流源I_S。设U_S和I_S共同作用在电阻R_1上产生的电压、电流分别为U_1、I_1(这个电压是R_1上的实际电压与电流),同理,在电阻R_2上产生的电压、电流分别为U_2、I_2,如图2.4.1(a)所示。

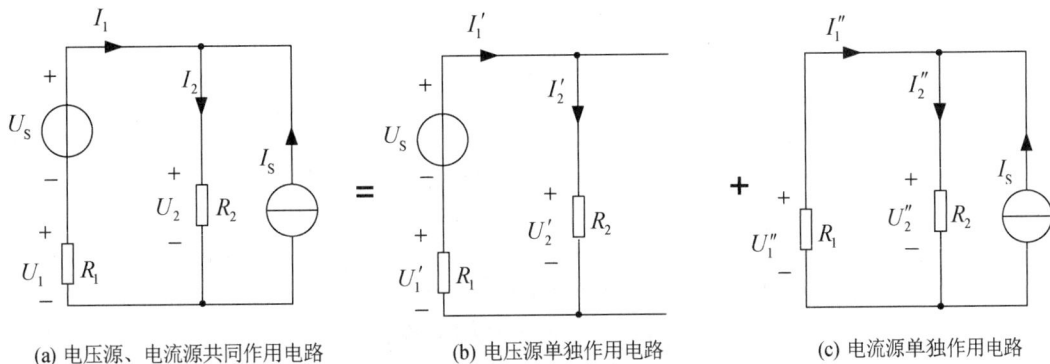

(a) 电压源、电流源共同作用电路　　　(b) 电压源单独作用电路　　　(c) 电流源单独作用电路

图2.4.1　电压源、电流源共同作用与分别单独作用电路

　　为了验证叠加原理,令电压源和电流源分别作用。注意:当电压源U_S不作用,即$U_S=0$时,在U_S处用短路线代替;当电流源I_S不作用,即$I_S=0$时,在I_S处用开路代替。

　　(1)设电压源U_S单独作用时(电流源支路开路)引起的电压、电流分别为U_1'、U_2'、I_1'、I_2',如图2.4.1(b)所示。

　　(2)设电流源I_S单独作用时(电压源支路短路)引起的电压、电流分别为U_1''、U_2''、I_1''、I_2'',如图2.4.1(c)所示。

　　这些电压、电流的参考方向均已在图中标明。验证叠加定理,即验证式(2.4.1)成立。

$$\begin{cases} U_1 = U_1' + U_1'' \\ U_2 = U_2' + U_2'' \\ I_1 = I_1' + I_1'' \\ I_2 = I_2' + I_2'' \end{cases} \qquad (2.4.1)$$

四、实验设备

名称	数量	型号
(1)双路可调直流电源	1块	30121046
(2)直流电压、电流表	1块	30111209
(3)电阻	3只	51 Ω×1,100 Ω×1,330 Ω×1
(4)测电流插孔	3只	
(5)电流插孔导线	1条	
(6)短接桥和连接导线	若干	P8-1 和 50148

（7）实验用9孔插件方板 1块 297 mm×300 mm

五、实验步骤

（1）按图 2.4.2 接线，取直流稳压电源 U_{S1} = 15 V，U_{S2} = 10 V，电阻 R_1 = 330 Ω，R_2 = 100 Ω，R_3 = 51 Ω。

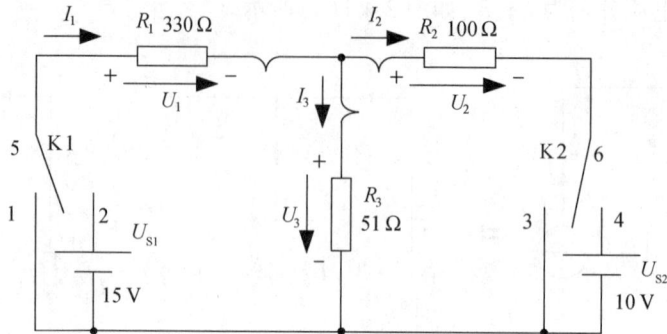

图 2.4.2　验证叠加原理的实验线路

（2）当 U_{S1}、U_{S2} 两电源共同作用时，测量各支路电流和电压值。

选择合适的电流表和电压表量程及接入电路的极性。将开关 K1 打到 2，接通电源 U_{S1}；开关 K2 打到 4，接通电源 U_{S2}，分别测量电流 I_1、I_2、I_3 和电压 U_1、U_2、U_3。根据图 2.4.2 电路中各电流和电压的参考方向，确定被测电流和电压的正负号后，将数据记入表 2.4.1 和 2.4.2 中。

（3）当电源 U_{S1} 单独作用时，测量各电流和电压的值。

选择合适的电流表和电压表量程，确定接入电路的极性。将开关 K1 打到 2，接通电源 U_{S1}；将开关 K2 打到 3，使电源 U_{S2} 不作用。分别测量电流 I_1'、I_2'、I_3' 和电压 U_1'、U_2'、U_3'。根据图 2.4.2 电路中各电流和电压的参考方向，确定被测电流和电压的正负号后，将数据记入表 2.4.1 中。

（4）当电源 U_{S2} 单独作用时，测量各电流和电压的值。

选择合适的电流表和电压表量程，确定接入电路的极性。将开关 K1 打到 1，使电源 U_{S1} 不作用；将开关 K2 打到 4，接通电源 U_{S2}。分别测量电流 I_1''、I_2''、I_3'' 和电压 U_1''、U_2''、U_3''。根据图 2.4.2 电路中各电流和电压的参考方向，确定被测电流和电压的正负号后，将数据记入表 2.4.1 中。

表 2.4.1　验证叠加原理

电源	电流（mA）			电压（V）		
	I_1	I_2	I_3	U_1	U_2	U_3
U_{S1}、U_{S2} 共同作用						
	I_1'	I_2'	I_3'	U_1'	U_2'	U_3'
U_{S1} 单独作用						

续表

电源	电流（mA）			电压（V）		
U_{S2}单独作用	I_1''	I_2''	I_3''	U_1''	U_2''	U_3''
计算代数和	$I_1'+I_1''$	$I_2'+I_2''$	$I_3'+I_3''$	$U_1'+U_1''$	$U_2'+U_2''$	$U_3'+U_3''$

（5）验证齐性定理,取直流稳压电源 $U_{S1}=2$V, $U_{S2}=3$V,并让两电源共同作用,选择合适的电压表、电流表量程,再次测量各支路电流值和电压值,填入表 2.4.2 中。

表 2.4.2　验证齐性原理

两电源共同作用	电流（mA）			电压（V）		
$U_{S1}=15$ V $U_{S2}=10$ V	I_1	I_2	I_3	U_1	U_2	U_3
$U_{S1}=3$ V $U_{S2}=2$ V	I_1	I_2	I_3	U_1	U_2	U_3
计算两次测量结果比值						

六、注意事项

（1）在叠加原理实验中,电压源 U_S 不作用,是指 U_S 处用短路线代替,而不是将 U_S 本身短路。

（2）在测量电压、电流时,要注意参考方向和电压表、电流表极性的一致,正确测量各电压值和电流值。

七、思考题

（1）在进行叠加原理的实验时,如果电源的内阻不能忽略,应如何测量?

（2）改变电流方向的定义,对验证实验有无影响? 为什么?

（3）在实验电路中,若有一个电阻改为二极管,叠加原理的叠加性和齐次性还成立吗?

八、实验报告要求

（1）根据实验数据,进行分析比较,归纳、总结出实验结论。

（2）根据 $P=UI$,以电阻 R_3 为例,通过对实验数据的计算,判别电阻上的功率是否也符合叠加原理?

（3）回答思考题。

实验5　戴维南定理验证和最大功率传输条件的测定

一、实验目的

（1）用实验方法验证戴维南定理,加深理解等效电路的概念。

（2）掌握有源二端网络的开路电压和输入端等效电阻的测定方法,并了解各种测量方法的特点。

（3）验证有源二端网络输出最大功率的条件。

二、预习内容

根据图 2.5.5,计算开路电压 U_{OC},短路电流 I_{SC},等效电阻 R_{eq},输出最大功率 P_{Lmax}。

三、实验原理

1.戴维南定理

一个含独立电源、受控源和线性电阻的一端口网络,其对外作用可以用一个电压源串联电阻的等效电源代替,此电压源的电压等于此一端口网络的开路电压 U_{OC},电阻是一端口网络内部各独立电源置零后所对应的不含独立源的一端口网络的输入电阻(或称等效电阻) R_{eq},如图 2.5.1 所示。

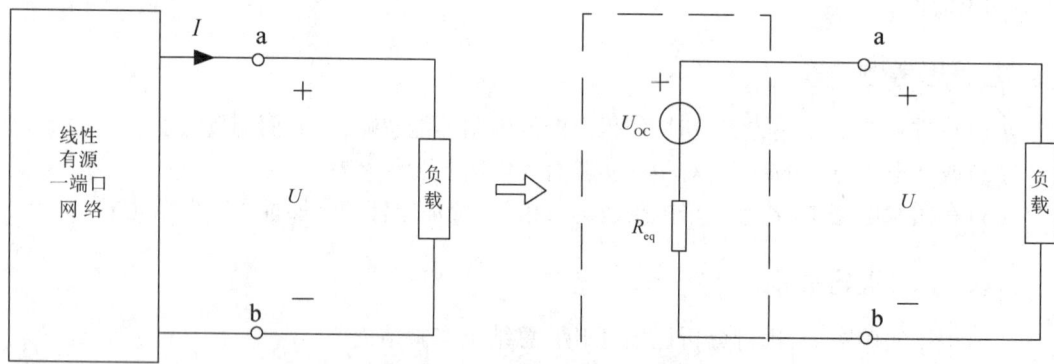

图 2.5.1　戴维南等效电路

（1）开路电压的测定方法

①直接测量法

当有源一端口网络的入端等效电阻 R_{eq} 与电压表的内阻 R_V 相比可以忽略不计时,可以用电压表直接测量该网络的开路电压 U_{OC}。

②补偿法

当有源一端口网络的入端电阻 R_{eq} 较大时,用电压表直接测量开路电压的误差较大,这时采用补偿法测量开路电压则较为准确。

图 2.5.2 中虚线框内为补偿电路,U_S 为直流电压源,可变电阻器 R_P 接成分压器使用,G 为检流计。测量步骤如下:首先用电压表初测被测网络的开路电压 U_{OC},并调整补偿电路中的分压器使 $U_{A'B'}$ 近似等于初测的开路电压 U_{OC};然后将 A、B 与 A'、B' 对应相接,再细调补偿短路中的分压器,使检流计 G 的指示为零,被测网络即相当于开路,此时电压表所测得的电压就是该网络的开路电压 U_{OC}。由于这时被测网络不输出电流,网络内部无电压降,因此测得的开路电压数值较前一种方法准确。

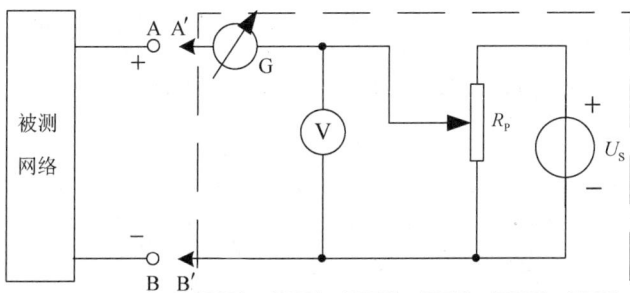

图 2.5.2　补偿法测量开路电压

(2)输入端等效电阻 R_{eq} 的测定方法

①外加电源法

将有源一端口网络内部的电压源 U_S 做短路处理、电流源 I_S 做开路处理,被测网络成为无源网络,然后在网络端口加一给定的电源电压 U_S,测量流入网络的电流 I,如图 2.5.3 所示,输入端等效电阻

$$R_{eq} = \frac{U_S}{I}$$

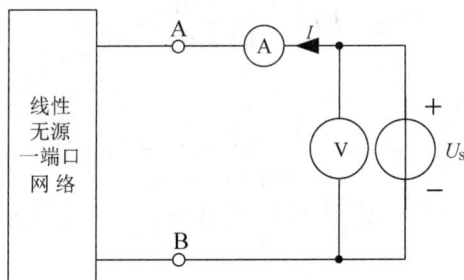

图 2.5.3　外加电源法测量输入端等效电阻

若被测网络内部去掉独立源后,仅由电阻元件组成,可直接用万用表的电阻挡去测出输入端等效电阻 R_{eq}。

实际上网络内部的独立电源都具有一定的内阻,它不能与电源本身分开。在去掉独立电源的同时,其内阻也被去掉,这将影响测量的准确性,因此这种测量方法仅适用于独立电压源内阻很小和独立电流源内阻很大的情况。

②开路短路法

分别测量有源一端口网络的开路电压 U_{OC} 和短路电流 I_{SC},则

$$R_{eq} = \frac{U_{OC}}{I_{SC}}$$

这种方法简便,但对于不允许直接短路的一端口网络是不能采用的。

③半偏法

先测出有源一端口网络的开路电压 U_{OC},再按图 2.5.4 接线,R_L 为电阻箱的电阻,调节 R_L,使其两端电压 U_L 为开路电压 U_{OC} 的一半,即 $U_L = \frac{1}{2}U_{OC}$,此时 R_L 的数值即等于 R_{eq}。这种方法克服了前两种方法的局限性,在实际测量中被广泛采用。

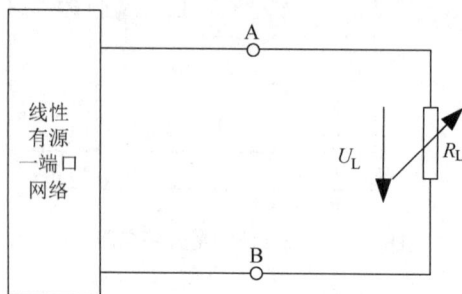

图 2.5.4 半偏法测等效电阻

2.最大功率传输定理

如前所述,一个实际电源或线性有源一端口网络,不管它内部具体电路如何,都可以等效化简为理想电压源 U_S 和一个电阻 R_{eq} 的串联。当负载 R_L 与电源内阻 R_{eq} 相等时,负载 R_L 可获得最大功率,即

$$P_{max} = I^2 R_L = \frac{U_S^2 \cdot R_L}{(R_{eq}+R_L)^2} = \frac{U_S^2}{4R_{eq}}$$

此时电路的效率为

$$\eta = \frac{I^2 R_L}{I^2(R_{eq}+R_L)} \times 100\% = 50\%$$

这种情况称为"匹配",在"匹配"情况下,负载的两端电压仅为电源电动势一半,传输效率为50%。

四、实验设备

名称	数量	型号
(1)双路可调直流电源	1块	30121046
(2)直流电压电流表	1块	30111209

(3)电阻　　　　　　　　10只　　　　10 Ω×2,51 Ω×1,100 Ω×3,
　　　　　　　　　　　　　　　　　　150 Ω×2,220 Ω×1,330 Ω×1

(4)短接桥和连接导线　　若干　　　　P8-1 和 50148

(5)实验用9孔插件方板　　1块　　　　297 mm ×300 mm

五、实验步骤

1.测量有源一端口网络的开路电压 U_{OC} 和输入端等效电阻 R_{eq}

按图 2.5.5 的有源一端口网络接法,取 $U_S = 10$ V,$R_1 = 150$ Ω,$R_2 = R_3 = 100$ Ω,参照实验原理,自己选定测量开路电压和等效电阻的方法,将测量结果记录下来。

$U_{OC} =$ ＿＿＿＿＿＿＿＿＿　$I_{SC} =$ ＿＿＿＿＿＿＿＿＿　$R_{eq} =$ ＿＿＿＿＿＿＿＿＿

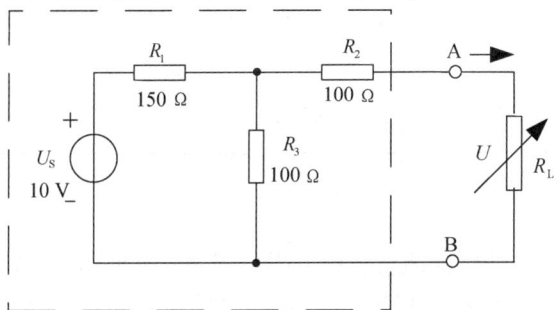

图 2.5.5　有源一端口网络实验线路

注意:图 2.5.6 中电压源的电压要取测量的 U_{OC},不要取 $U_S = 10$ V。

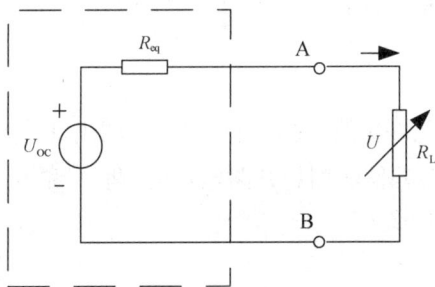

图 2.5.6　戴维南等效电源电路

2.测定有源一端口网络的外特性

在图 2.5.5 有源一端口网络的 A、B 端上,依次按表 2.5.1 中各 R_L 的值取电阻作为负载电阻 R_L,测量相应的端电压 U 和电流 I,记入表 2.5.1 中。

表 2.5.1　有源一端口网络的外特性实验数据

	负载电阻 R_L(Ω)	10	51	100	150	220	330	开路	$R_L = R_{eq}$
有　源 二　端 网　络	U(V)							U_{OC}	
	I(mA)	I_{SC}							
	计算 $P = I^2 R_L$(W)								

注意:表中的 U_{OC} 处填测量的电压值,此电压值为开路电压 U_{OC} 的值。表中的 I_{SC} 处填测量的电流值,此电流值为短路电流 I_{SC}。在实际实验中,由于条件所限,等效电阻 R_{eq} 可能无法做到与开路短路法计算值相同的电阻,因此我们要采用和 R_{eq} 计算值相近的值,这会带来一些误差,请同学们注意。

3.测定戴维南等效电源的外特性

按图 2.5.6 接线,图中 U_{OC} 和 R_{eq} 为图 2.5.5 中有源一端口网络的开路电压和等效电阻,U_{OC} 从直流稳压电源取得,R_{eq} 从电阻中取一个近似的。在 A、B 端接上另一电阻作为负载电阻 R_L,测量相应的端电压 U 和电流 I,记入表 2.5.2 中。

表 2.5.2　戴维南等效电源的外特性实验数据

戴维南等效电源	负载电阻 $R_L(\Omega)$	10	51	100	150	220	330	开路	$R_L = R_{eq}$
	$U(V)$								
	$I(mA)$								
	计算 $P = I^2 R_L(W)$								

六、注意事项

(1)若采用图 2.5.2 的补偿法测量有源一端口网络的开路电压,应使 A、B 端和 A'、B' 端电压的极性一致,电压的数值接近相等,才能接通电路进行测量,否则会使电流过大而击毁检流计。

(2)用万用表直接测 R_{eq} 时,网络内的独立电源必须先置零,以免损坏万用表。另外,欧姆挡必须经过调零后,才能进行测量。

七、思考题

(1)若含源二端网络不允许短路,如何用其他方法测出其等效电阻 R_{eq}?

(2)对于图 2.5.2,如果在补偿法测量开路电压时,将 A' 和 B 相接,B' 和 A 相接,能否达到测量电压 U_{AB} 的目的?为什么?

八、实验报告要求

(1)在同一坐标平面上作出表 2.5.1 中的两条外特性曲线,并加以分析比较。

(2)计算表 2.5.1 中负载功率 P,并绘制功率 P 随电流 I 变化的曲线,得出最大功率传输的条件。

(3)回答思考题。

实验 6 受控源特性的研究

一、实验目的

(1)加深对受控源电路的理解。

(2)通过对四类受控源的测试,加深对它们受控特性及负载特性的认识。

(3)熟悉由运算放大器组成受控源电路的分析方法,了解运算放大器的应用。

二、预习内容

根据所给公式,计算实验中各比例系数 μ、g、γ、β 的值。

(1)电压控制电压源:响应 $=\mu\times$激励,$u_2=\mu\cdot u_1$,$\mu=1+\dfrac{R_1}{R_2}$。

(2)电压控制电流源:响应 $=g\times$激励,$i_2=g\cdot u_1$,$g=\dfrac{1}{R}$。

(3)电流控制电压源:响应 $=\gamma\times$激励,$u_2=\gamma\cdot i_1$,$\gamma=-R$。

(4)电流控制电流源:响应 $=\beta\times$激励,$i_2=\beta\cdot i_1$,$\beta=1+\dfrac{R_1}{R_2}$。

三、实验原理

1.概述

(1)受控源

受控源是对某些电路元件物理性能的模拟,反映电路中某条支路的电压或电流受另一条支路电压或电流控制的关系。测量受控量与控制量之间的关系,就可以掌握受控源输入量与输出量间的变化规律。受控源具有独立电源的特性,受控源的受控量仅随控制量的变化而变化,与外接负载无关。

根据控制变量与受控量的不同组合,受控源可分为 4 种:电压控制电压源(VCVS)、电压控制电流源(VCCS)、电流控制电压源(CCVS)、电流控制电流源(CCCS)。电路模型如图 2.6.1 所示。

注意:上述 4 种元件有的可能是用一个元器件实现的,例如二极管、三极管、变压器等,有的可能是用较复杂的电路实现的,例如本实验中的集成运算放大器电路。这些元器件无论用什么方法实现,我们都把它们视为一个器件,称为电压控制电压源、电压控制电流源、电流控制电压源、电流控制电流源。而且由于是一个线性元件,它们的输出与输入之比为一个常数,例如电流控制电流源,输入一个电流 i_1,输出一个电流 i_2,两者之比为 $i_2/i_1=\beta$。

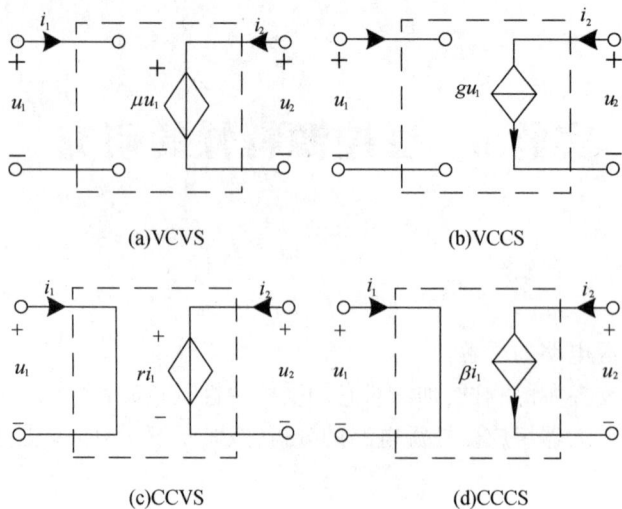

(a)VCVS (b)VCCS

(c)CCVS (d)CCCS

图 2.6.1 4 种受控源电路模型

(2)运算放大器

运算放大器是一种高增益、高输入阻抗、低输出阻抗的放大器。通常用图 2.6.2(a)所示的电路符号表示,其等效电路模型如图 2.6.2(b)所示。运算放大器有两个输入端、一个输出端、一个对输入和输出信号的参考接地端。两个输入端中,一个称为同相输入端,另一个称为反相输入端。同相输入端是指当反相输入端电压为零时,输出电压的极性与该输入端的电压极性相同,同相输入端在电路符号上用"+"表示;反相输入端是指当同相输入端电压为零时,输出电压的极性与该输入端电压的极性相反,同相输入端在电路符号上用"-"表示。

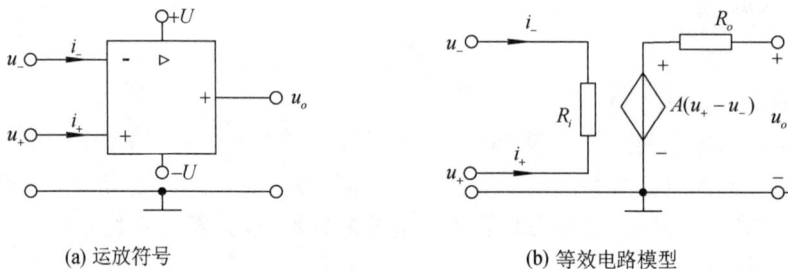

(a) 运放符号 (b) 等效电路模型

图 2.6.2 运算放大器及其等效电路

理想运算放大器有两个特性:

①运算放大器的"+"端和"-"端可以认为是等电位的,$u_+ = u_-$,即通常所说的"虚"短路;

②运算放大器的输入端电流等于零,$i_+ = i_- = 0$ 即通常所说的"虚断"。

此外,理想运算放大器的输出电阻很小,可以认为是零。这些都是简化含有运算放大器网络的依据。

注意:除了两个输入端、一个输出端,运算放大器还有正、负两个电源输入端和一个参考接地端。实验中要特别注意,运算放大器的电源要接到直流 +15 V(接 +U)和 -15 V

（接$-U$），±15 V 直流电源的"地"要接到电路的接地端（⊥）。

为保证运算放大器输入端信号为零时，输出信号也为零，运算放大器外面接有调零电位器。

2.用运算放大器实现的受控源

（1）电压控制电压源（VCVS）

电路如图 2.6.3 所示。由运算放大器输入端"虚短"特性，可知：

$$u_+ = u_- = u_1$$

$$i_{R_2} = \frac{u_1}{R_2}$$

由运算放大器的"虚断"特性，可知：

$$i_{R_1} = i_{R_2}$$

故

$$u_2 = i_{R_1} \cdot R_1 + i_{R_2} \cdot R_2 = \frac{u_1}{R_2}(R_1 + R_2) = \left(1 + \frac{R_1}{R_2}\right) \cdot u_1 = \mu \cdot u_1 \qquad (2.6.1)$$

即运算放大器的输出电压 u_2 受输入电压 u_1 控制。其电路模型如图 2.6.1（a）所示。转移电压比：

$$\mu = 1 + \frac{R_1}{R_2}$$

该电路是一个同相比例放大器，其输入与输出有公共接地端，这种连接方式称为共地连接。

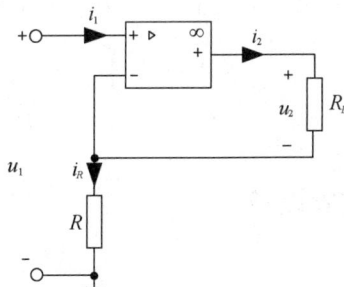

（2）电压控制电流源（VCCS）

电路如图 2.6.4 所示。根据理想运放"虚短""虚断"特性，输出电流为：

$$i_2 = i_R = \frac{u_1}{R} = gu_1 \qquad (2.6.2)$$

该电路输入、输出无公共接地点，这种连接方式称为浮地连接。

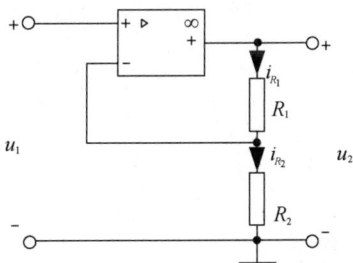

图 2.6.3 电压控制电压源（VCVS）　　图 2.6.4 电压控制电流源（VCCS）

（3）电流控制电压源（CCVS）

电路如图 2.6.5 所示。根据理想运放"虚短""虚断"特性，可推得：

$$u_2 = -i_R \cdot R = -i_1 \cdot R \qquad (2.6.3)$$

即输出电压 u_2 受输入电流 i_1 的控制。其电路模型如图 2.6.1（c）所示。转移电阻为：

$$\gamma = \frac{u_2}{i_1} = -R \qquad (2.6.4)$$

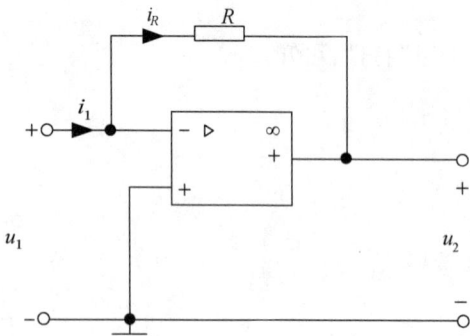

图 2.6.5　电流控制电压源

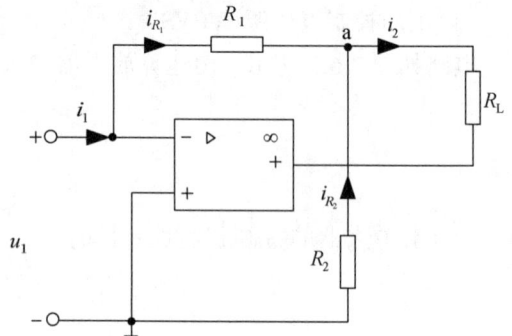

图 2.6.6　电流控制电流源

注意：图 2.6.6 中输出端与 R_2 的交叉线不是连接的，交叉点没有实心点。

（4）电流控制电流源（CCCS）

电路如图 2.6.6 所示。由于同相输入端"+"接地，根据"虚短""虚断"特性可知，"−"端为虚地，电路中 a 点的电压为：

$$u_a = -i_{R_1} \cdot R_1 = -i_1 \cdot R_1 = -i_{R_2} \cdot R_2$$

所以，

$$i_{R_2} = i_1 \frac{R_1}{R_2}$$

输出电流：

$$i_2 = i_{R_1} + i_{R_2} = i_1 + i_1 \frac{R_1}{R_2} = \left(1 + \frac{R_1}{R_2}\right) i_1 \qquad (2.6.5)$$

即输出电流 i_2 只受输入电流 i_1 的控制，与负载 R_L 无关。它的电路模型如图 2.6.1（d）所示，转移电流比：

$$\beta = \frac{i_2}{i_1} = 1 + \frac{R_1}{R_2} \qquad (2.6.6)$$

四、实验设备

名称	数量	型号
（1）双路可调直流电源	1 块	30121046
（2）直流稳压电源	1 块	30121116
（3）恒流源	1 块	30111113
（4）直流电压电流表	1 块	30111209

（5）电阻　　　　　　　　　12 只　　　　1 kΩ×3,1.5 kΩ×1,2 kΩ×2,

3 kΩ×1,4.7 kΩ×1,10 kΩ×2,

15 kΩ×1,33 kΩ×1

（6）集成运算放大器　　　　1 块　　　　LM741

（7）短接桥和连接导线　　　若干　　　　P8-1 和 50148

（8）实验用 9 孔插件方板　　1 块　　　　297 mm×300 mm

五、实验步骤

1.测试电压控制电压源特性

（1）实验线路如图 2.6.7 所示。

（2）根据表 2.6.1 中内容和参数,自行给定 U_1 值,测试 VCVS 的转移特性 $U_2=f(U_1)$,计算 μ 值,并与理论值进行比较。〔理论值计算可参考式(2.6.1)〕

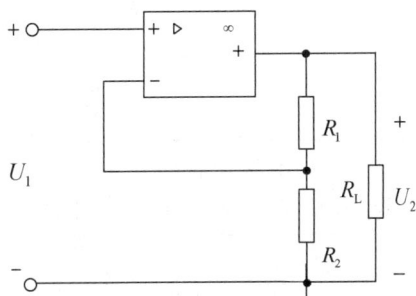

图 2.6.7　VCVS 实验线路

表 2.6.1　VCVS 的转移特性

		$R_1=R_2=1\ \text{k}\Omega$				$R_L=1\ \text{k}\Omega$				
给定值	$U_1(\text{V})$	4	3	2	1	0	-1	-2	-3	-4
测试值	$U_2(\text{V})$									
计算值	$\mu=U_2/U_1$									

（3）根据表 2.6.2 中内容和参数,自行给定 R_L 值,测试 VCVS 的负载特性 $U_2=f(R_L)$,计算 μ 值,并与理论值进行比较。

表 2.6.2　VCVS 的负载特性 $U_2=f(R_L)$

		$R_1=1\ \text{k}\Omega$	$R_2=2\ \text{k}\Omega$	$U_1=1\ \text{V}$		
给定值	$R_L(\text{k}\Omega)$	3.0	4.7	10	15	33
测试值	$U_2(\text{V})$					
计算值	$\mu=U_2/U_1$					

2.测试电压控制电流源特性

（1）实验线路如图 2.6.8 所示。

63

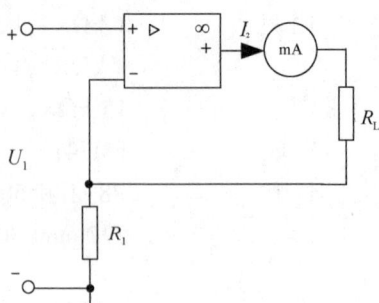

图 2.6.8　VCCS 实验线路

（2）根据表 2.6.3 中内容，测试 VCCS 的转移特性 $I_2=f(U_1)$，计算 g 值，并与理论值进行比较。〔可参考式（2.6.2）〕

表 2.6.3　VCCS 的转移特性 $I_2=f(U_1)$

		$R_1=1\text{ k}\Omega$			$R_L=1\text{ k}\Omega$				
给定值	$U_1(\text{V})$	4	3	2	1	0	−1	−2	−3	−4
测试值	$I_2(\text{mA})$									
计算值	$g=I_2/U_1(\text{S})$									

（3）根据表 2.6.4 中内容，测试 VCCS 输出特性 $I_2=f(R_L)$，并计算 g 值。

表 2.6.4　VCCS 输出特性 $I_2=f(R_L)$

		$R_1=2\text{ k}\Omega$		$U_1=1\text{ V}$		
给定值	$R_L(\text{k}\Omega)$	3	4.7	10	15	20
测试值	$I_2(\text{mA})$					
计算值	$g=I_2/U_1(\text{S})$					

3.测试电流控制电压源特性

（1）实验线路如图 2.6.9 所示。

（2）根据表 2.6.5 中内容，测试 CCVS 的转移特性 $U_2=f(I_1)$，计算 r 值，并与理论值进行比较。〔可参考式（2.6.4）〕

表 2.6.5　CCVS 的转移特性 $U_2=f(I_1)$

		$R_1=1\text{ k}\Omega$			$R_L=1\text{ k}\Omega$				
给定值	$I_1(\text{mA})$	−2	−1.5	−1	−0.5	0	0.5	1	1.5	2
测试值	$U_2(\text{V})$									
计算值	$\gamma=U_2/I_1(\Omega)$									

（3）根据表 2.6.6 中内容，测试 CCVS 输出特性 $U_2=f(R_L)$，并计算 r 值。

表 2.6.6　CCVS 输出特性 $U_2=f(R_L)$

		$R_1=2\text{ k}\Omega$		$I_1=1.5\text{ mA}$		
给定值	$R_L(\text{k}\Omega)$	3	4.7	10	15	33
测试值	$U_2(\text{V})$					
计算值	$\gamma=U_2/I_1(\Omega)$					

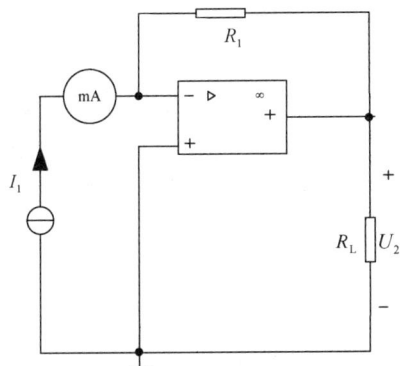

图 2.6.9 CCVS 实验线路

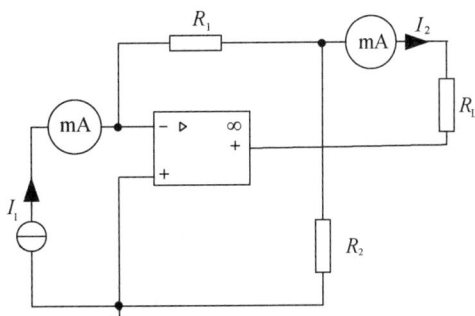

图 2.6.10 CCCS 实验线路

4.测试电流控制电流源特性

（1）实验线路如图 2.6.10 所示。

（2）根据表 2.6.7 中内容，测试 CCCS 的转移特性 $I_2=f(I_1)$，计算 β 值，并与理论值进行比较。〔可参考式（2.6.5）〕

表 2.6.7　CCCS 的转移特性 $I_2=f(I_1)$

	$R_1=1\ \text{k}\Omega$			$R_2=1\ \text{k}\Omega$		$R_L=1\ \text{k}\Omega$			
给定值	$I_1(\text{mA})$	−2	−1.5	−1	−0.5	0	0.5	1	1.5	2
测试值	$I_2(\text{mA})$									
计算值	$\beta=I_2/I_1$									

（3）根据表 2.6.8 中内容，测试 CCCS 输出特性 $I_2=f(R_L)$，并计算 β 值。

表 2.6.8　CCCS 输出特性 $I_2=f(R_L)$

$R_1=2\ \text{k}\Omega$	$R_2=1\ \text{k}\Omega$	$I_1=0.5\ \text{mA}$				
给定值	$R_L(\text{k}\Omega)$	1	2	2.4	3.0	4.7
测试值	$I_2(\text{mA})$					
计算值	$\beta=I_2/I_1$					

六、注意事项

（1）实验电路在确认无误后再接通运算放大器的供电电源；需要改变运算放大器外部电路元件时，必须先切断供电电源，再改电路。

（2）运算放大器输出端不能与地短路，输入电压不宜过高（小于 5 V），输入电流不能过大，应在几十微安至几毫安之间。

（3）运算放大器应有电源（±15 V）供电，其正负极性和管脚不能接错。

七、思考题

(1)受控源的控制量来自哪里？如何对响应进行控制？

(2)作为一个整体,受控源表现为什么样的伏安特性？如何运用受控源进行电路的分析？

(3)如果已知一个线性电路,它的响应(也称为输出)一定是激励(也称为输入)的常数倍吗？

八、实验报告要求

(1)用所测数据计算各受控源系数,并与理论值进行比较,分析误差原因。

(2)根据实验数据分析受控源的负载特性。

(3)总结运算放大器的特点。

实验 7　RC 一阶电路的响应研究

一、实验目的

(1)加深理解 RC 电路过渡过程的规律及电路参数对过渡过程的理解。

(2)学会测定 RC 电路的时间常数的方法。

(3)观测 RC 充放电电路中电流和电容电压的波形图。

(4)学习函数信号发生器和示波器的使用方法。

二、预习内容

(1)计算充电时间常数。

①$R = 15$ kΩ,$C = 1\ 000$ μF,$\tau = ?$

②$R = 33$ kΩ,$C = 1\ 000$ μF,$\tau = ?$

在充电时间为 τ 时,电容的电压 u_C 等于多少 V？对应表的指针是多少格？

(2)计算放电时间常数。

①$R = 15$ kΩ,$C = 1\ 000$ μF,$\tau = ?$

②$R = 33$ kΩ,$C = 1\ 000$ μF,$\tau = ?$

在放电时间为 τ 时,电容的电压 u_C 等于多少 V？对应表的指针是多少格？

注意:测量中,电压表采用万用表,直流电压挡选用 10 V 挡,表上的读数对应满量程为 250 格,即读数时看 250 所在的那一行,每 25 格对应 1 V 电压。

三、实验原理

1.RC 电路的充电过程

在图 2.7.1 电路中,设电容器上的初始电压为零,当开关 S 向"1"闭合瞬间,由于电容电压 u_C 不能跃变,电路中的电流为最大,$i = U_S/R$,此后,电容电压随时间逐渐增大,直至 $u_C = U_S$;电流随时间逐渐减小,最后 $i = 0$;充电过程结束,充电过程中的电压 u_C 和电流 i 均随时间按指数规律变化。u_C 和 i 的数学表达式为:

$$u_C(t) = U_S(1 - e^{-\frac{t}{RC}})$$

$$i = \frac{U_S}{R} \cdot e^{-\frac{t}{RC}} \tag{2.7.1}$$

上述的暂态过程为电容充电过程,充电曲线如图 2.7.2 所示。

理论上要无限长的时间电容器充电才能完成,实际上当 $t = 5RC$ 时,u_C 已达到 99.3% U_S,充电过程已近似结束。

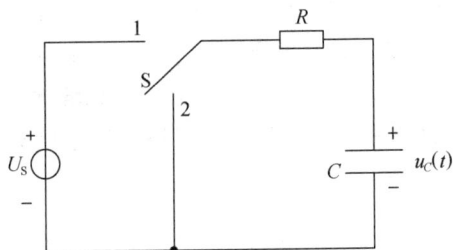

图 2.7.1 一阶 RC 电路

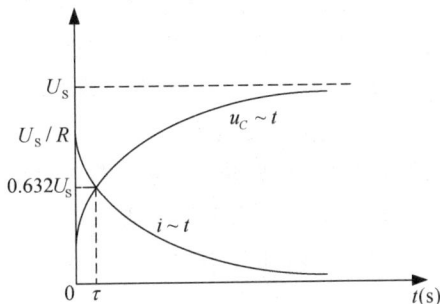

图 2.7.2 RC 充电时电压和电流的变化曲线

2.RC 电路的放电过程

在图 2.7.1 电路中,若电容 C 已充有电压 U_S,将开关 S 向"2"闭合,电容器立即对电阻 R 进行放电,放电开始时的电流为 U_S/R,放电电流的实际方向与充电时相反,放电时的电流 i 与电容电压 u_C 随时间均按指数规律衰减为零,电压和电流的数学表达式为:

$$u_C(t) = U_S e^{-\frac{t}{RC}}$$

$$i = -\frac{U_S}{R} \cdot e^{-\frac{t}{RC}} \tag{2.7.2}$$

式中:U_S 为电容器的初始电压。这一暂态过程为电容放电过程,放电曲线如图 2.7.3 所示。

3.电路的时间常数

RC 电路的时间常数用 τ 表示,$\tau = RC$,τ 的大小决定了电路充放电时间的快慢。对充电而言,时间常数 τ 是电容电压 u_C 从零增长到 $63.2\% U_S$ 所需的时间;对放电而言,τ 是电容电压 u_C 从 U_S 下降到 $36.8\% U_S$ 所需的时间,如图 2.7.3 所示。

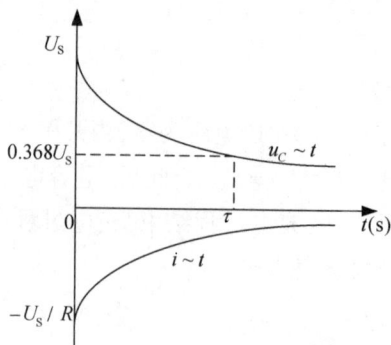

图 2.7.3　RC 放电时电压和电流的变化曲线

4.RC 充放电电路中电流和电容电压的波形图

对于一般电路,时间常数较小,在 ms 甚至 μs 量级,电路会很快达到稳态,一般仪表尚来不及反应,过渡过程已消失。因此,用普通仪表难以观测到电压随时间的变化规律。用普通示波器可以观测到周期变化的电压波形,如果使电路的过渡过程按一定周期重复出现,示波器荧光屏上就可以观察到过渡过程的波形。本实验用脉冲信号源(函数信号发生器)做实验电源,由它产生一个固定频率的方波,模拟阶跃信号,如图 2.7.4 所示。在方波的上升沿相当于接通直流电源或输入正阶跃信号,电容器通过电阻充电;方波下降沿相当于电源短路或输入负阶跃信号,电容器通过电阻放电。方波周期性重复出现,电路就不断地进行充电、放电。用示波器分别观察电容和电阻两端的电压,就可观察到一阶电路充放电的电流和电压波形,如图 2.7.5 所示。

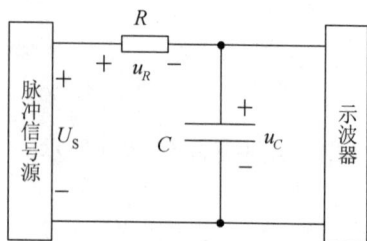

图 2.7.5　连续充放电波形图

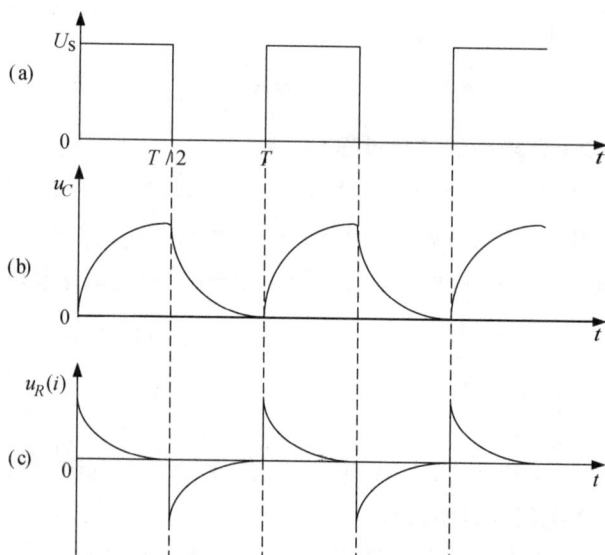

图 2.7.4　RC 连续充放电电路

四、实验设备

名称	数量	型号
(1)双路可调直流电源	1块	30121046
(2)直流电压电流表	1块	30111209
(3)信号发生器	1台	SG1020P
(4)示波器	1台	SDS1042C
(5)电阻	3只	51 Ω×1,1 kΩ×1,10 kΩ×1
(6)电容	4只	0.01 μF×1,10 μF×1,100 μF×1, 1 000 μF×1
(7)钮子开关	1只	双刀双向
(8)秒表	1只	学校自备
(9)指针式万用表	1只	学校自备
(10)短接桥和连接导线	若干	P8-1 和 50148
(11)实验用9孔插件方板	1块	297 mm×300 mm

五、实验步骤

1.测定 RC 电路充电和放电过程中电容电压的变化规律

(1)实验线路如图 2.7.6 所示,电阻 R 取 15 kΩ,电容 C 取 1 000 μF,直流稳压电源 U_S 输出电压取 10 V,万用表置直流电压 10 V 挡(满量程是 250 格,25 格为 1 V),将万用表并接在电容 C 的两端,首先用导线将电容 C 短接放电,以保证电容的初始电压为零,然后,将开关 S 打向位置"1",闭合瞬间作为时间的起点(t =0)并开始用秒表计时,读取充电过程中一系列(u_C,t)数据,直至时间 t = 5τ 时结束,将 t 和 u_C 记入表 2.7.1 中。

充电结束后,记下 u_C 值,在将开关 S 打向位置"2"处,电容器开始放电,同时立即用秒表重新计时,读取不同时刻的电容电压 u_C,也记入表 2.7.1 中。

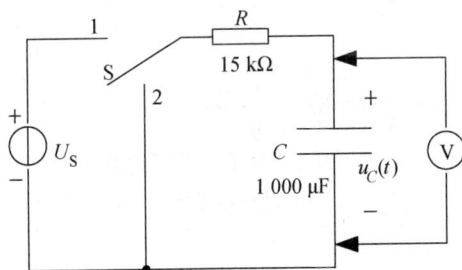

图 2.7.6 RC 测 u_C 实验电路

表 2.7.1 $R = 15\ \text{k}\Omega, C = 1\ 000\ \mu\text{F}, U_\text{S} = 10\ \text{V}$

	u_C(格)	0	25	50	75	100	125	150	175	200	225	250
充电	u_C(V)	0										
	t(s)	0										
放电	u_C(格)	250	225	200	175	150	125	100	75	50	25	0
	u_C(V)	10										
	t(s)	0										

(2)将图 2.7.6 电路中的电阻 R 换为 33 kΩ,重复上述测量,结果记入表 2.7.2 中。

表 2.7.2 $R = 33\ \text{k}\Omega, C = 1\ 000\ \mu\text{F}, U_\text{S} = 10\ \text{V}$

	u_C(格)	0	25	50	75	100	125	150	175	200	225	250
充电	u_C(V)	0										
	t(s)	0										
放电	u_C(格)	250	225	200	175	150	125	100	75	50	25	0
	u_C(V)	10										
	t(s)	0										

2.测定 RC 电路充电过程中电流的变化规律

(1)实验线路如图 2.7.7 所示,电阻 R 取 33 kΩ,电容 C 取 1 000 μF,直流稳压电源的输出电压取 10 V,万用表置电流 mA 挡,将万用表串联于实验线路中。首先将开关 S 合上,使电容放电,打开开关同时计时,读取充电过程中一系列 (i, t) 数据,将数据记录于表 2.7.3 中。

(2)将图 2.7.7 电路中的电容换为 100 μF,重复上述过程,测量结束记录表 2.7.3 中。

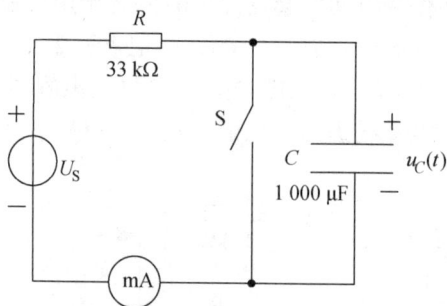

图 2.7.7 RC 测 i 实验电路

表 2.7.3 RC 充电过程中电流 i 变化数据记录

R = 33 kΩ	i(格)						
C = 100 μF	i(mA)						
充电	t(s)						
R = 33 kΩ	i(格)						
C = 100 μF	i(mA)						
放电	t(s)						

3.时间常数的测定

实验线路如图 2.7.6 所示,电阻 R 取 33 kΩ,测量 u_C 从零上升到 63.2%U_S 所需的时间,亦即测量充电时间常数 τ_1;再测量 u_C 从 U_S 下降到 36.8%U_S 所需的时间,亦即测量放电时间常数 τ_2;将 τ_1、τ_2 记入下面空格处。($U_S = 10$ V)

充电过程中:计算 63.2%$U_S =$ _____ ;测量 $\tau_1 =$ _____ 。

放电过程中:计算 36.8%$U_S =$ _____ ;测量 $\tau_2 =$ _____ 。

4.观测 RC 电路充放电时电容电压 u_C 和电流 i(即电阻两端电压 u_R)的变化波形

(1)实验线路如图 2.7.8 所示,电阻 R 取 10 kΩ,电容 C 取 0.047 μF,函数信号发生器波形为矩形波,幅值为 5 V,频率为 $f = 1$ kHz,占空比为 50%。用示波器两路通道同时观察 u 与 u_C 的波形,并描下波形图。改变电阻阻值,使 $R = 1$ kΩ,观察电压 u_C 波形的变化,分析其原因。

(2)将图 2.7.8 中电阻和电容位置互换,分别观察上述两种阻值下电阻两端电压波形,观察电阻电压波形的变化,分析其原因。

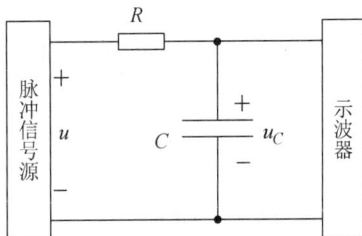

图 2.7.8　RC 充放电实验线路图

六、注意事项

(1)本次实验中要求万用表电压挡的内阻要大,否则测量误差较大,建议采用实验步骤2(串接毫安表,测量充电电路中电流)的方法。

(2)当使用万用表测量变化中的电容电压时,不要换挡,以保证电路的电阻值不变。

(3)秒表计时和电压、电流表读数要互相配合,尽量做到同步。

(4)电解电容器有正、负极性,使用时切勿接错。

(5)每次做 RC 充电实验前,都要用导线短接电容器的两极,以保证其初始电压为零。

七、思考题

(1)充电、放电时间常数是否一样?时间常数取决于哪些参数?

(2)为什么用示波器观测充放电电压波形时,要用方波做电源?

(3)如何测量电流充放电波形,通过测量充放电电流波形,得到的充电、放电时间常数与通过测量电压的充电、放电时间常数是否一样?为什么?

(4)用示波器观测充放电波形时,如果 R 取 15 kΩ,C 取 1 000 μF,则信号发生器的方波频率应取多少?如何计算?

八、实验报告要求

(1)根据表 2.7.1 和表 2.7.2 所测得的数据,以 u_C 为纵坐标,时间 t 为横坐标,在同一坐标中画出 RC 电路中电容电压充放电曲线 $u_C = f(t)$,两曲线进行比较分析,可得出什么结论?

(2)根据表 2.7.3 中所列的数据,以充电电流 i 为纵坐标,充电时间为横坐标,同一坐标中绘制 RC 电路充电电流曲线 $i = f(t)$,两曲线进行比较分析,可得出什么结论?

（3）根据实验步骤4的波形记录,分析将方波信号转换为三角波信号,可通过什么电路来实现? 对电路参数有什么要求?

（4）根据实验步骤4的波形记录,分析将方波信号转换为尖脉冲信号,可通过什么电路来实现? 对电路参数有什么要求?

（5）完成思考题。

实验 8 二阶电路的响应研究

一、实验目的

（1）研究 RLC 串联电路的电路参数与其暂态过程的关系。

（2）观察二阶电路过阻尼、临界阻尼和欠阻尼三种情况下的响应波形。利用响应波形,计算二阶电路暂态过程的有关参数。

（3）掌握观察动态电路状态轨迹的方法。

二、预习内容

（1）电路的无阻尼自由振荡角频率为 $\omega_0 = \dfrac{1}{\sqrt{LC}}$,即电路的谐振角频率。在存在阻尼电阻 R 时,电路的振荡角频率为 $\omega' = \sqrt{\omega_0^2 - \delta^2}$。

计算在 $L = 10$ mH,$C = 0.02$ μF,$R = 51$ Ω 时,ω_0、ω' 的值。

（2）计算在 $L = 10$ mH,$C = 0.02$ μF 时,R 取多少时电路处于临界状态。

三、实验原理

（1）用二阶微分方程来描述的电路称为二阶电路。如图 2.8.1 所示的 RLC 串联电路就是典型的二阶电路。根据基尔霍夫电压定律(KVL),当 $t = 0_+$ 时(开关动作后),电路存在:

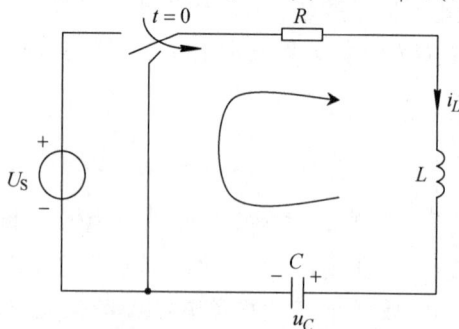

图 2.8.1 RLC 串联电路

$$LC\frac{\mathrm{d}^2 u_C}{\mathrm{d}t^2}+RC\frac{\mathrm{d}u_C}{\mathrm{d}t}+u_C=0 \qquad (2.8.1)$$

$$u_C(0_+)=u_C(0_-)=U_\mathrm{S} \qquad (2.8.2)$$

$$\frac{\mathrm{d}u_C(0_+)}{\mathrm{d}t}=\frac{i_L(0_+)}{C}=\frac{i_L(0_-)}{C} \qquad (2.8.3)$$

式(2.8.1)中,每一项均为电压(注意最后一项是电压 u_C),第一项是电感上的电压 u_L,第二项是电阻上的电压 u_R,第三项是电容上的电压 u_C,即回路中的电压之和为零(KVL)。各项都是电容上电压 u_C 的函数,这里是二阶微分方程。

式(2.8.2)中,由于电容两端电压不能突变(换路定理),所以电容上电压 u_C 在开关接通前后瞬间都是相等的,都等于信号电压 U_S。

式(2.8.3)中,由于电感上电流不能突变,因此,$\dfrac{i_L(0_+)}{C}=\dfrac{i_L(0_-)}{C}$,而在串联电路中,电容上的电流等于电感上电流〔$\dfrac{i_L(0_+)}{C}=\dfrac{i_C(0_+)}{C}$〕,根据 $C\dfrac{\mathrm{d}u_C(t)}{\mathrm{d}t}\Big|_{t=0_+}=i_C(t)\big|_{t=0_+}$,电容上电压对时间的变化率〔$\dfrac{\mathrm{d}u_C(0_+)}{\mathrm{d}t}$〕等于 $\dfrac{i_L(0_-)}{C}$〔注意此电路中 $i_L(0_-)=0$〕。

(2)由 R、L、C 串联形成的二阶电路在选择了不同的参数以后,会产生三种不同的响应,即过阻尼、欠阻尼(衰减振荡)和临界阻尼三种情况。

① 当电路中的电阻过大:$R>2\sqrt{L/C}$ 时,称为过阻尼状态,响应中的电压、电流呈现出非周期性变化的特点。其电压、电流波形如图 2.8.2(a)所示。

从图 2.8.2(a)中可见,电流振荡不起来。图 2.8.2(b)中所示的状态轨迹,就是伏安特性。电流由最大减小到零,没有反方向的电流和电压,是因为经过电阻后,能量全部被电阻吸收了。

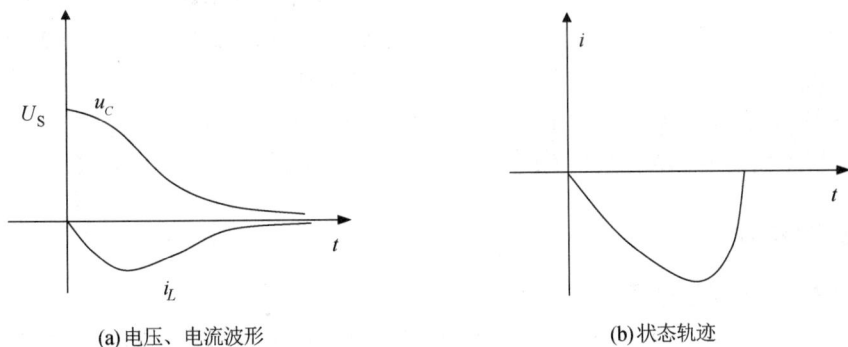

(a)电压、电流波形 　　　　　　　　　　(b)状态轨迹

图 2.8.2 过阻尼状态 RLC 串联电路电压、电流波形及其状态轨迹

② 当电路中的电阻过小:$R<2\sqrt{L/C}$ 时,称为欠阻尼状态。响应中的电压、电流具有衰减振荡的特点,此时衰减系数 $\delta=R/(2L)$。$\omega_0=1/\sqrt{LC}$ 是在 $R=0$ 的情况下的振荡频率,称为无阻尼振荡电路的固有角频率。在 $R\neq0$ 时,RLC 串联电路的固有振荡角频率 $\omega'=\sqrt{\delta^2-\omega_0^2}$

将随 $\delta = R/(2L)$ 的增加而下降。其电压、电流波形如图 2.8.3（a）所示,其状态轨迹如图 2.8.3（b）所示。

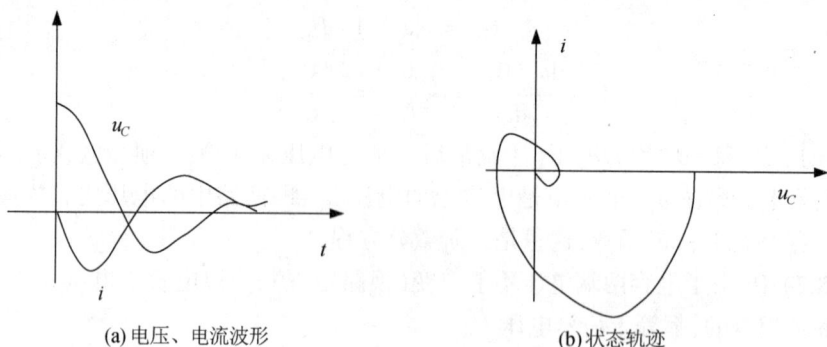

| (a) 电压、电流波形 | (b) 状态轨迹 |

图 2.8.3　欠阻尼状态 RLC 串联电路电压、电流波形及其状态轨迹

从图 2.8.3（a）中可见,有反方向的电压和电流(横轴下方),这是因为电阻较小,当过零后,有反向充电的现象。

③当电路中的电阻适中:$R = 2\sqrt{L/C}$ 时,称为临界状态。此时,衰减系数 $\delta = \omega_0$,$\omega' = \sqrt{\delta^2 - \omega_0^2} = 0$,暂态过程介于非周期与振荡之间,其本质属于非周期暂态过程。

四、实验设备

名称	数量	型号
（1）函数信号发生器	1 台	SG1020P
（2）示波器	1 台	SDS1042C
（3）电阻	5 只	10 Ω×1,51 Ω×1,150 Ω×1,
		1 kΩ×1,2.4 kΩ×1
（4）电容	2 只	0.01 μF×2（2 只并联成 0.02 μF）
（5）电感	1 只	10 mH×1
（6）短接桥和连接导线	若干	P8-1 和 50148
（7）实验用 9 孔插件方板	1 块	297 mm×300 mm

五、实验步骤

1.连接线路并设置信号源

将电阻、电容、电感串联成如图 2.8.4 所示的接线图,函数信号发生器波形为矩形波,幅值为 1 V,频率为 $f = 2$ kHz,占空比为 50%。

（1）首先进行数据计算,求出不同阻值下的衰减系数 δ 和振荡频率 ω,结果填入表 2.8.1。

（2）改变电阻 R,分别使电路工作在过阻尼、欠阻尼和临界阻尼状态,用示波器测量其电容上电压的波形并将波形计入表 2.8.1。

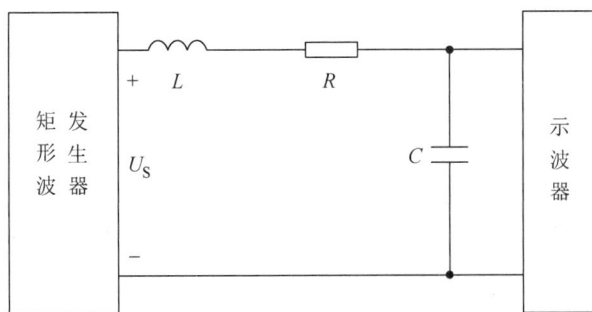

图 2.8.4 二阶电路实验接线图

表 2.8.1 三种工作状态对照

$L=10$ mH $\quad C=0.02$ μF(用 0.01 μF×2 并联) $\quad f_0=$ _____ kHz		
	$R_1=51$ Ω	$R_2=1$ kΩ	$R_3=2.4$ kΩ
$\delta=R/(2L)$			
$\omega=\sqrt{\omega_0^2-\delta^2}$			
电路状态			
波形	画在坐标纸上	画在坐标纸上	画在坐标纸上

注意：$\omega_0=\dfrac{1}{\sqrt{LC}}$(rad/s)，$f_0=\dfrac{1}{2\pi\sqrt{LC}}$(Hz)。

2.测量不同参数下的衰减系数和波形

保证电路一直处于欠阻尼状态,取三个不同阻值的电阻,用示波器测量输出波形,并计算出衰减系数,将波形和数据填入表 2.8.2 中。

表 2.8.2 欠阻尼状态下测量数据

$L=10$ mH $\quad C=0.02$ μF $\quad f_0=$ _____ kHz		
	$R_1=10$ Ω	$R_2=51$ Ω	$R_3=150$ Ω
$\delta=R/(2L)$			
$\omega=\sqrt{\omega_0^2-\delta^2}$			
电路状态			
波形	画在坐标纸上	画在坐标纸上	画在坐标纸上

六、思考题

(1) RLC 串联电路的暂态过程为什么会出现三种不同的工作状态?试从能量转换角度对其做出解释。

(2)叙述二阶电路产生振荡的条件,振荡波形如何,u_c 与电路参数 R、L、C 有何关系。

七、实验报告要求

(1)预习相关的内容。实际求解实验中的二阶微分方程,了解各参数(例如 δ、ω_0)的出处。

(2)计算表 2.8.1 和表 2.8.2 中的各项参数。

(3)在坐标纸上绘出表 2.8.1 和表 2.8.2 中要求的波形,并附在实验报告的后面(要标注清楚)。

(4)解答思考题中提出的问题。

(5)思考为什么要用函数信号发生器产生矩形波。

(6)如果电路中的电感短路时,电路会出现什么变化?比较短路前后两个电路的特点,并从能量的角度解释。

实验 9　交流电路等效参数的测定

一、实验目的

(1)学会用相位表法或功率表法测量电感线圈、电阻器、电容器的参数,根据测量数据计算出串联参数 R、L、C 和并联参数 G、B_L、B_C。

(2)正确掌握相位表、功率表的使用方法。

二、预习内容

(1)电路如图 2.9.5 所示,根据表 2.9.1 测得的 I、U、φ、P,计算 $|Z|$、R、L、C、$\cos\varphi$。给出符号推导,不需要带入数据。

(2)电路如图 2.9.5 所示,根据表 2.9.2 测得的 I、U、U_1、U_2、φ、P,计算 $|Z|$、R、L_{eq}、C_{eq}、$\cos\varphi$。给出符号推导,不需要带入数据。

三、实验原理

电感线圈、电阻器、电容器是常用的元件。电感线圈是由导线绕制而成的,必然存在一定的电阻 R_L,因此,电感线圈的模型可用电感 L 和电阻 R_L 来表示。电容器则因其介质在交变电场作用下有能量损耗或有漏电,可用电容 C 和电阻 R_C 作为电容器的电路模型。线绕电阻器是用导线绕制而成的,存在一定的电感 L_R,可用电阻 R 和电感 L_R 作为电阻器的电路模型。图 2.9.1 是它们的串联电路模型。

图 2.9.1 串联电路模型

根据阻抗与导纳的等效变化关系可知,电阻与电抗串联的阻抗,可以用电导 G 和电纳 B 并联的等效电路代替,由此可知电阻器、电感线圈和电容器的并联电路模型,如图 2.9.2 所示。

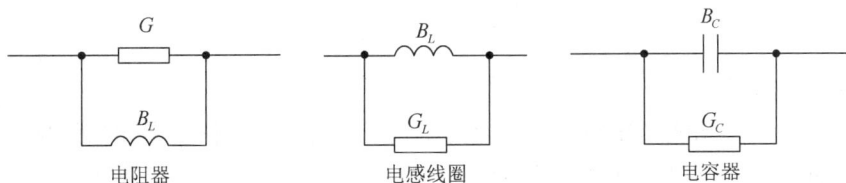

图 2.9.2 并联电路模型

工频交流电路中的电阻器、电感线圈、电容器的模型参数,可用下列方法测量。

1.方法一:相位表法

在图 2.9.3 中,可直接从各电表中读得阻抗 Z 的端电压 U、电流 I 及其相位角 φ。当阻抗 Z 的模 $|Z| = U/I$ 求得后,再利用相位角便不难将 Z 的实部和虚部求出。如:测出电感线圈两端电压 U、流过电感线圈电流 I 及其相位角 φ,显然 $R_L = \dfrac{U\cos\varphi}{I}, L = \dfrac{U\sin\varphi}{I\omega}$。其并联参数 G、B_L 如何根据 U、I、φ 值计算,由实验者自行推导。

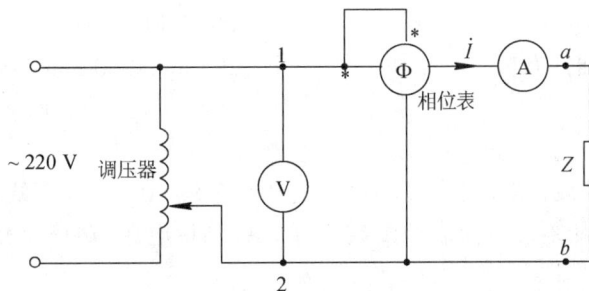

图 2.9.3 相位表法线路图

2.方法二:功率表法

在生产部门,功率表较多,相位表较少,将图 2.9.3 中的相位表换为功率表,如图 2.9.4 所示,可直接测得阻抗的端电压、流过的电流及其功率,根据公式 $P = UI\cos\varphi$ 即可求得相位角 φ,其余与方法一相同,从而求得 Z 的实部与虚部。

在功率表法中,为了判断被测阻抗是容性还是感性,可采用如下方法:在被测阻抗两端并接一适当容量的小电容,如电流表的读数增大,则被测阻抗为容性(即虚部为负),若电流表读数减小,则为感性(即虚部为正)。

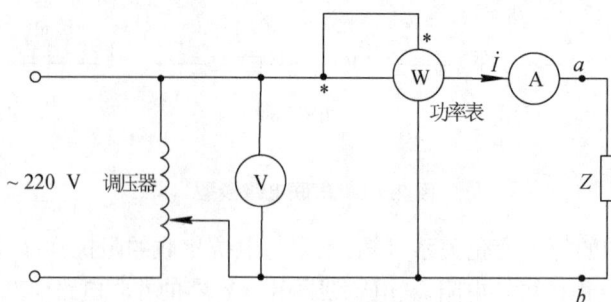

图 2.9.4　功率表法线路图

3.方法三:电量仪法

电量仪是一块多功能用途的表,可测量交流电压、电流及各种功率和相位角,具体参见常用仪表的介绍,本实验采用该设备完成。

四、实验设备

名称	数量	型号
(1)调压器	1 块	30141210
(2)220 V/24 V 变压器	1 块	30121211
(3)单相电量仪	1 块	30121098
(4)电阻	1 只	15 Ω/10 W×1
(5)电感线圈	1 只	500 N+铁芯
(6)电容	1 只	220 μF/70 V×1
(7)短接桥和连接导线	若干	P8−1 和 50148
(8)实验用9孔插件方板	1 块	297 mm×300 mm

五、实验步骤

(1)按图 2.9.5 接线,图中阻抗 Z 分别取:$R = 15$ Ω/10 W、电感线圈 L 和电容器 $C = 220$ μF/70 V。调节调压器使电流表的读数为 0.5 A,测量电压、功率及相位角值,记录于表 2.9.1 中。

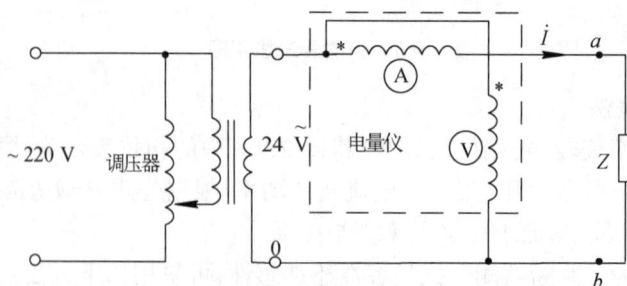

图 2.9.5　电量仪法线路图

表 2.9.1 阻抗为独立元件时数值

被测阻抗	测量值				计算值				
	$I/(A)$	$U/(V)$	相位角 $\varphi/(°)$	$P/(W)$	$|Z|/(\Omega)$	$R/(\Omega)$	$L/(mH)$	$C/(\mu F)$	$\cos\varphi$
电阻器	0.5								
电感线圈	0.5								
电容器	0.5								

注意:实验中电流值不要取得太大,本实验中电流取值为 0.5 A。在调节电源时,应主要关注电流值,同时兼顾电压值(防止电路出现短路现象,即电流变化,而电压几乎没有变化)。在电流值达到 0.5 A 后再进行其他的测量。

(2)图 2.9.5 接线中,阻抗 Z 分别为 $R=15\ \Omega$、电感线圈 L 和电容器 $C=220\ \mu F$ 的串联组合,调节调压器使电流表的读数为 0.5 A,除了测量总电压 U、功率 P 和相位角 φ 外,还要测量串联组合时第一个元件电压 U_1、第二个元件电压 U_2,记录于表 2.9.2 中。

表 2.9.2 阻抗为串联组合时数值

被测阻抗	测量值						计算值				
	$I/$ (A)	$U/$ (V)	$U_1/$ (V)	$U_2/$ (V)	相位角 $\varphi/(°)$	$P/$ (W)	$|Z|/$ (Ω)	$R/$ (Ω)	$L_{eq}/$ (mH)	$C_{eq}/$ (μF)	$\cos\varphi$
电阻与电感串联	0.5										
电阻与电容串联	0.5										
电感与电容串联	0.5										

(3)图 2.9.5 接线中,阻抗 Z 分别为 $R=15\ \Omega$、电感线圈 L 和电容器 $C=220\ \mu F$ 的并联组合,调节调压器使电流表的读数为 0.3 A,除了测量总电压 U、功率 P 和相位角 φ 外,还要测量并联组合时第一个元件电流 I_1、第二个元件电压 I_2,记录于表 2.9.3 中。

表 2.9.3 阻抗为并联组合时数值

被测阻抗	测量值						计算值				
	$I/$ (A)	$I_1/$ (mA)	$I_2/$ (mA)	$U/$ (V)	相位角 $\varphi/(°)$	$P/$ (W)	$|Z|/$ (Ω)	$R/$ (Ω)	$L_{eq}/$ (mH)	$C_{eq}/$ (μF)	$\cos\varphi$
电阻与电感并联	0.3										
电阻与电容并联	0.3										
电感与电容并联	0.3										

六、 注意事项

接线前或改接线路前,应将自耦调压器的手柄逆时针调到零位。接好线路后,应缓慢转动调压器的手柄,调到需要的值。

七、 思考题

(1)如何用一个给定的电阻和电压表测量出一个感性或容性负载的等效参数?

（2）如何用一个给定的电阻和电流表测量出一个感性或容性负载的等效参数？

八、实验报告要求

（1）根据测量数据分别计算表 2.9.1、表 2.9.2 和表 2.9.3 中的各参数值。

（2）根据表 2.9.2 测得数值，作出反映电压关系的相量图。

（3）根据表 2.9.3 测得数值，作出反映电流关系的相量图。

（4）思考如何判断阻抗是容性还是感性。

（5）回答思考题。

实验 10　RLC 串联谐振电路的研究

一、实验目的

（1）测量 RLC 串联电路的谐振曲线，通过实验进一步掌握串联谐振的条件和特点。

（2）研究电路参数对串联谐振电路特性的影响。

（3）掌握交流毫伏表的使用。

二、预习内容

（1）根据电路图 2.10.4，当 $R = 51\ \Omega$，$L = 10\ \text{mH}$，$C = 1\ \mu\text{F}$ 时，计算该电路的谐振频率 f_0、品质因数 Q。

（2）在电源频率分别为谐振频率 f_0 时，分别计算相应的电阻电压 U_R，电感电压 U_L，电容电压 U_C。计算在带宽频率 f_L、f_H 处电阻电压 U_R 为多少。

（3）计算 U_R、U_L、U_C 的最大值以及对应的频率。

三、实验原理

在图 2.10.1 所示的 RLC 串联电路中，当外加角频率为 ω 的正弦电压 $\dot{U}$ 时，电路中的电流为

$$\dot{I} = \frac{\dot{U}}{R + \text{j}\left(\omega L - \dfrac{1}{\omega C}\right)}$$

式中：当 $\omega L = 1/(\omega C)$ 时，电路发生串联谐振，谐振频率为 $f_0 = 1/(2\pi\sqrt{LC})$。可见，改变 L、C 或电源频率 f 都可以实现谐振。本次实验是通过改变外加电压的频率使电路达到谐振的。

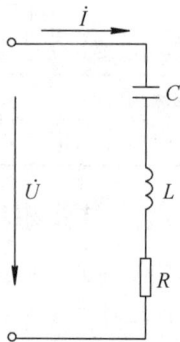

图 2.10.1　RLC 串联电路

串联谐振有以下特征：

（1）谐振时电路的阻抗最小，而且是纯电阻性的，即

$$Z_0 = R + \mathrm{j}\left(\omega L - \frac{1}{\omega C}\right)\bigg|_{\omega=\omega_0} = R$$

此时谐振电流 $\dot{I}$ 与电压 $\dot{U}$ 同相位，且 $I_0 = U/R$ 为最大值，电阻两端电压值也最大，本次实验就是依据这种特征来找谐振点的。

（2）谐振时有 $U_L = U_C$，电路的品质因数 Q 为

$$Q = \frac{U_L}{U} = \frac{U_C}{U} = \frac{\omega_0 L}{R} = \frac{1}{\omega_0 C R} = \frac{\sqrt{L/C}}{R}$$

（3）频率特性

RLC 串联电路中的电流有效值与外加电压角频率 ω 之间的关系，称为电流的幅频特性，即

$$I(\omega) = \frac{U}{\sqrt{R^2 + \left(\omega L - \dfrac{1}{\omega C}\right)^2}}$$

为了便于比较，将上式中的电流及频率均以相对值 I/I_0 及 f/f_0 表示，则

$$\frac{I}{I_0} = \frac{1}{\sqrt{1 + Q^2\left(\dfrac{f}{f_0} - \dfrac{f_0}{f}\right)^2}}$$

图 2.10.2 为 I/I_0 与 f/f_0 的关系曲线，又称通用串联谐振曲线。可见谐振时电流 I/I_0 的大小与 Q 值无关，而在其他频率下，Q 值越大，电流越小，串联谐振曲线的形状越尖，说明选择性越好。曲线中 $I/I_0 = 1/\sqrt{2}$ 时，对应的频率 f_2（上限频率）和 f_1（下限频率）之间的宽度为通频带 Δf，$\Delta f = f_2 - f_1$。由图 2.10.2 可见，Q 值越大，通频带越窄，电路的选择性越好。

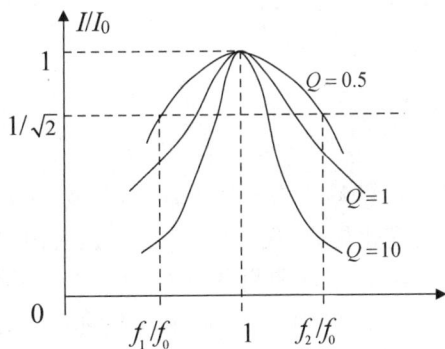

图 2.10.2　串联谐振曲线

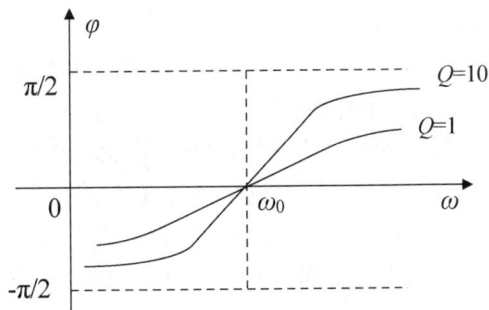

图 2.10.3　特性曲线

电路的阻抗角 φ 与频率的关系，称为相频特性，即

$$\varphi(\omega) = \arctan\frac{\omega L - \dfrac{1}{\omega C}}{R}$$

特性曲线如图 2.10.3 所示,由图可知:RLC 串联电路在 $\omega<\omega_0$ 时,等效电路呈容性;$\omega>\omega_0$ 时,等效电路呈感性。

四、实验设备

名称	数量	型号
(1)信号发生器	1 台	SG1020P
(2)示波器	1 台	SDS1042C
(3)交流毫伏表	1 台	SG2172
(4)电阻	2 只	100 Ω×1,51 Ω×1
(5)电感	1 只	10 mH×1
(6)电容	1 只	1 μF×1
(7)桥形跨连线和连接导线	若干	P8-1 和 50148
(8)实验用 9 孔插件方板	1 块	297 mm×300 mm

五、实验步骤

1.连接实验电路

在 9 孔插件方板上组成如图 2.10.4 所示电路。取图中的电感 $L=10$ mH,电容 $C=1$ μF,电阻 $R=51$ Ω。

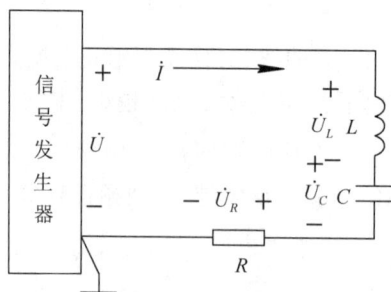

图 2.10.4　串联谐振实验线路

2.测绘谐振曲线

调节函数信号发生器,使输出信号为电压有效值 2 V(峰峰值为 5.66 V)的正弦波,接入电路,调节频率,用交流毫伏表观察电阻两端电压 U_R 的变化规律,找到使 U_R 达到最大值的频率,此频率就是使电路达到谐振状态的谐振频率 f_0。将此频率和测量值 U_R、U_L 及 U_C 填入表 2.10.1 的中间部分,然后在谐振频率两侧调节输出电压的频率,分别测量各频率点的 U_R、U_L 及 U_C 值,记录于表 2.10.1 中(在谐振点附近要多测几组数据)。注意在每次调节频率之后,都要用交流毫伏表测量一下信号发生器的输出电压是否仍为 2 V,如电压发生变化,则应将信号发生器的实际输出电压调整到原值 2 V,否则会影响实验结果的准确性。

表 2.10.1 $R = 51\ \Omega$ 时的谐振电路测量

		$R = 51\ \Omega$	$L = 10$ mH			$C = 1\ \mu$F		$Q =$		
测 量	f (kHz)					$f_0 =$				
	U_R(V)									
	U_L(V)									
	U_C(V)									
计 算	I(mA)									
	$I\,/\,I_0$									
	$f\,/\,f_0$									

注意:①表中 f_0 应根据实验中谐振频率的测量值填写,不要取计算值。

②表格给出的是一个示意表格,表格中的列数需要自己根据实验的测量数据决定,不一定按照表中那样给出 21 列。

③ f 的取值要均匀,照顾到 U_L 和 U_C 的范围,特别注意在 U_R 的带宽点取值。

带宽点为:当频率取谐振频率 f_0 时,电阻的电压为最大值,记为 U_{Rmax},当调节频率(分别往小于 f_0 和大于 f_0 方向调节),电阻上的电压将减小,当电压减小到 U_{Rmax} 的 0.707 倍时,分别得到两个频率,f_L(小于 f_0)和 f_H(大于 f_0),带宽 $BW = f_H - f_L$。

3.研究电路参数对谐振曲线的影响

将图 2.10.4 电路中的电阻 R 更换为 100 Ω,重复上述的测量步骤,并把测量的数据记录于表 2.10.2 中。

表 2.10.2 $R = 100\ \Omega$ 时的谐振电路测量

		$R = 100\ \Omega$	$L = 10$ mH		$C = 1\ \mu$F		$Q =$			
测 量	f (kHz)					$f_0 =$				
	U_R(V)									
	U_L(V)									
	U_C(V)									
计 算	I(mA)									
	$I\,/\,I_0$									
	$f\,/\,f_0$									

4.用示波器观测 RLC 串联谐振电路中电流和电压的相位关系

按图 2.10.5 接线,R 取 51 Ω,电路中 A 点的电位送入双踪示波器的 Y_A 通道,它显示出电路中总电压 u 的波形。将 B 点的电位送入双踪示波器的 Y_B 通道,它显示出电阻 R 上的波形,此波形与电路中电流 i 的波形相似,因此可以直接把它看作电流 i 的波形。示波器和信号发生器的接地端必须连接在一起。信号发生器的输出频率取谐振频率 f_0,输出电压取 2 V,调节示波器使屏幕上获得 2~3 个周期波形,将电流 i 和电压 u 的波形描绘下来。再在 f_0 左右各取一个频率点,信号发生器输出电压仍保持 2 V,观察并描绘 i 和 u 的波形。

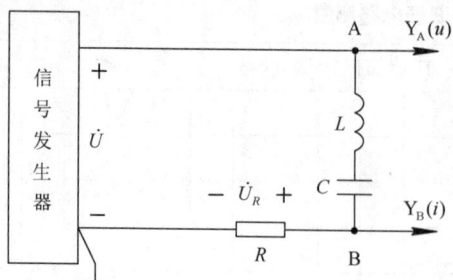

图 2.10.5　观测电流和电压间相位差实验线路图

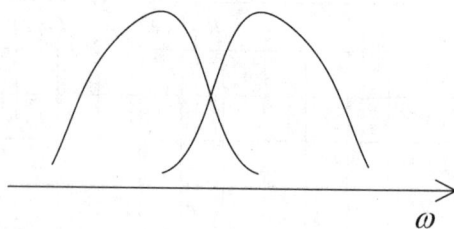

图 2.10.6　U_L 和 U_C 的电压波形

六、思考题

（1）U_L 和 U_C 曲线一样吗？对于如图 2.10.6 所示的电压曲线图，分别是电感电压和电容电压，你能判断哪个是电容的电压曲线，哪个是电感的电压曲线吗？

（2）按照定义，RLC 串联电路谐振时，电路中的电流达到最大，实验中是如何检测电流值的？

（3）示波器上利用双踪输入，可同时观测到电压和电流波形（两个正弦波），如何判断示波器上两个正弦波的相位超前和滞后？

七、实验报告要求

（1）根据表 2.10.1、表 2.10.2 的实验数据，计算相应数值，在同一坐标中画出 $U_L \sim f$、$U_C \sim f$、$U_R \sim f$ 的幅频特性曲线。

（2）以 I/I_0 为纵坐标 f/f_0 为横坐标，绘制两条不同 Q 值的串联谐振曲线，分析电路参数对谐振曲线的影响。

（3）怎样利用表 2.10.1 中测得的数据求得电路的品质因数 Q？

（4）图 2.10.5 中，电压和电流是如何取得的？在示波器中如何判断相位的超前或滞后？

（5）比较在 $f<f_0$、$f=f_0$ 和 $f>f_0$ 三种情况下电压、电流相位关系的变化，并分析变化的原因。

实验 11　互感电路的测量

一、实验目的

（1）掌握互感线圈同名端的测量方法。

（2）掌握互感线圈互感系数和耦合系数的测量方法。

二、预习内容

(1) 电路如图 2.11.5 (a) 时,$U_1 = 10$ V, $I_1 = 300$ mA, $\varphi_1 = 75°$, $U_{21} = 5$ V;电路如图 2.11.5(b)时,$U_2 = 10$ V, $I_2 = 300$ mA, $\varphi_2 = 78°$, $U_{12} = 5$ V。求: L_1、L_2、M 为多少?〔注: $M = \frac{1}{2}(M_{12} + M_{21})$〕

(2) 电路如图 2.11.6,在同向串联时 $U = 20$ V, $I = 200$ mA, $\varphi_1 = 80°$;反向串联时,$U' = 5$ V, $I' = 300$ mA, $\varphi' = 65°$。求: $L_{同向}$、$L_{反向}$ 为多少?

三、实验原理

(1) 在两个或两个以上具有互感的线圈中,感应电动势(或感应电压)极性相同的端钮定义为同名端(或称同极性端)。在电路中,常用"·"或"＊"等符号标明互感耦合线圈的同名端。同名端可以用实验方法来确定,常用的有直流法和交流法。

①直流法

如图 2.11.1 所示,当开关 S 合上瞬间,$\frac{di_1}{dt} > 0$,在 1-1′中产生的感应电压 $u_1 = M\frac{di_1}{dt} > 0$,若电压表正偏,则 2-2′线圈的 2 端与 1-1′线圈中的 1 端均为感应电压的正极性端,1 端与 2 端为同名端;反之,若电压表反向偏转,则 1 端与 2′端为同名端。

同理,如果在开关 S 打开时,$\frac{di_1}{dt} < 0$,同样可用以上的原理来确定互感线圈内感应电压的极性,以此确定同名端。

上述同名端,也可以这样来解释,就是当开关 S 打开或闭合瞬间,电位同时升高或降低的端钮即为同名端。如图 2.11.1 所示,开关 S 合上瞬间,电压表若正偏转,则 1、2 端的电位都升高,所以,1、2 端是同名端。这时若将开关 S 再打开,电压表必反偏转,1、2 端的电位都降低。

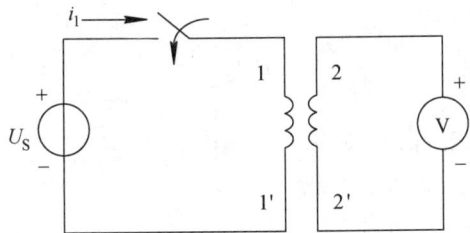

图 2.11.1 直流法测同名端 　　　　图 2.11.2 交流法测同名端

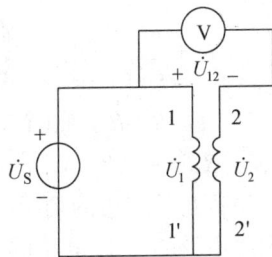

②交流法

如图 2.11.2 所示,将两线圈的 1′-2′串联,在 1-1′加交流电源。分别测量 $\dot{U}_1$、$\dot{U}_2$ 和 $\dot{U}_{12}$ 的有效值,若 $U_{12} = U_1 - U_2$,则 1 端和 2 端为同名端;若 $U_{12} = U_1 + U_2$,则 1 端与 2′端为同名端。

（2）互感系数 M 的测定

测量互感系数的方法较多，这里介绍两种方法。

①如图 2.11.3 表示的两个互感耦合线圈的电路，当线圈 1-1′接正弦交流电压，线圈 2-2′开路时，则 $\dot{U}_{21}=j\omega M\dot{I}_1$，而互感 $M=\dfrac{U_{21}}{\omega I_1}$，其中 ω 为电源的角频率，$\dot{I}_1$ 为线圈 1-1′中的电流。为了减少测量误差，电压表应选用内阻较大的。

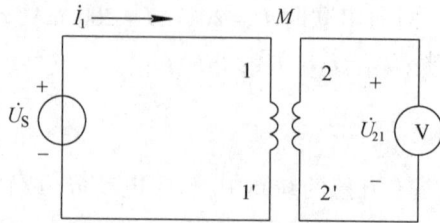

图 2.11.3　测量开路互感电压

②利用两个互感耦合线圈串联的方法，也可以测量它们之间的互感系数。当两线圈同向串联时，其等值电感：$L_{同}=L_1+L_2+2M$。当两线圈反向串联时，等值电感为：$L_{反}=L_1+L_2-2M$。只要分别测出 $L_{同}$、$L_{反}$，则 $M=(L_{同}-L_{反})/4$。

实验中要测量线圈的自感时，可以用相位法测量。测量出线圈的端电压 U、电流 I 和相位角 φ，则可以计算出线圈的自感 L：

$$L=\frac{X_L}{\omega}=\frac{U\sin\varphi}{I\omega}$$

利用两互感线圈同向连接时等效电感大，反向连接时等效电感小的特点，在相同电压下，电流的大小将不相同，这样也能判断两线圈的同名端。但是此法，易过流，要慎用。

（3）在互感耦合电路中，如图 2.11.4 所示，若在线圈 1-1′上施加电压 $\dot{U}_1$，在线圈 2-2′端接入阻抗：

$$Z_1=\frac{\dot{U}_1}{\dot{I}_1}=\left(R_1+\frac{\omega^2M^2}{R_{22}^2+X_{22}^2}R_{22}\right)+j\left(X_1-\frac{\omega^2M^2}{R_{22}^2+X_{22}^2}X_{22}\right)=$$
$$(R_1+R_{1f})+j(X_1+X_{1f})$$

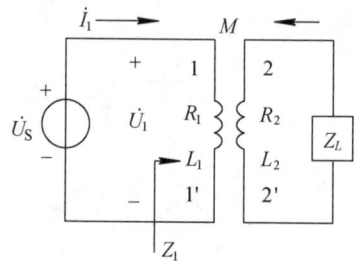

图 2.11.4　互感耦合电路的入端阻抗

其中，$X_1=\omega L_1$，$R_{22}=R_2+R_L$，$X_{22}=\omega L_2+X_L$。R_1+jX_1 是原边的复阻抗，$R_2+j\omega L_2$ 是副边的复阻抗，R_L+X_L 是副边的负载复阻抗。副边电路对原边电路的引入电阻 R_{1f} 和引入电抗 X_{1f} 分别为：

$$R_{1f}=\frac{X_M^2}{R_{22}^2+X_{22}^2}R_{22}，X_{1f}=\frac{-X_M^2}{R_{22}^2+X_{22}^2}X_{22}$$

由此可见，当线圈 2-2′接入感性负载时，将使入端电阻增大，入端感抗减少；若线圈 2-2′接入容性负载时，且 $X_{22}=\omega L_2+X_L$ 为容性，X_{1f} 为感性，将使入端电阻和入端感抗增大。

四、实验设备

名称	数量	型号
(1)调压器	1 块	30141210
(2)220 V/24 V 变压器	1 块	30121211
(3)单相电量仪	1 块	30121098
(4)双路可调直流电源	1 块	30121046
(5)指针式万用表	1 台	学校自备
(6)互感耦合线圈	1 组	1 000 N×1,500 N×1
(7)U 形铁芯	1 副	
(8)电阻	1 只	15 Ω/10 W×1
(9)电容	1 只	220 μF×1
(10)短接桥和连接导线	若干	P8-1 和 50148
(11)实验用 9 孔插件方板	1 块	297 mm×300 mm

五、实验步骤

1.测定两互感耦合线圈的同名端

用图 2.11.1 或图 2.11.2 所示的直流法或交流法测定两端耦合线圈的同名端,U_S取2 V以下。记下两线圈的同名端编号。

2.测定两互感耦合线圈的互感系数 M

(1)用开路互感电压法

按图 2.11.5(a)接线,取 $I_1 = 0.3$ A,测得 U_1、φ_1、U_{21};按图 2.11.5 (b)接线,取 $I_2 = 0.3$ A,测得 U_2、φ_2、U_{12},记入表 2.11.1 中,并计算 L_1、L_2、M_{21}、M_{12} 及耦合系数 k 的值。

(a) U_1接电源,U_2 开路

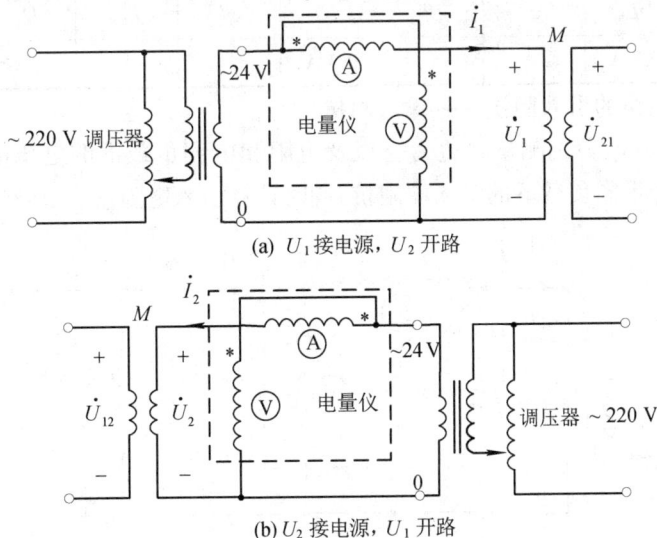

(b)U_2接电源,U_1 开路

图 2.11.5　测量开路互感电压

表 2.11.1　测互感系数实验数据（一）

测量值（U_2开路）				测量值（U_1开路）				计算值				
U_1	I_1	φ_1	U_{21}	U_2	I_2	φ_2	U_{12}	L_1	L_2	M_{21}	M_{12}	k
	0.3 A				0.3 A							

注意:实验中电流值不要取得太大,本实验中电流取值为0.3 A。在调节电源时,要关注电流值,防止电流过大,在电流值达到0.3 A后再进行其他的测量。

（2）用等效电感法

按图 2.11.6 接线,取 $I = 0.2$ A,测量 L_1 与 L_2 同向串联时的电压 U、相位角 φ,记入表 2.11.2 中;再取 $I' = 0.3$ A,测量 L_1 与 L_2 反向串联时的电压 U'、相位角 φ',记入表 2.11.2 中,计算 $L_同$、$L_反$ 及 M。

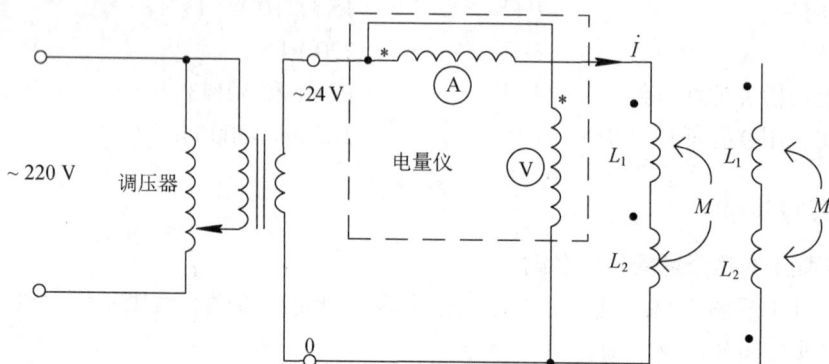

图 2.11.6　互感耦合线圈的顺串和反串

表 2.11.2　测互感系数实验数据（二）

同向串联			反向串联			计算值		
U	I	φ	U'	I'	φ'	$L_同$	$L_反$	M
	0.2 A			0.3 A				

3.互感耦合电路的引入阻抗——输入阻抗

按图 2.11.7 接线,分别测量副边为空载及电阻和电容负载下的电压电流 U_1、I_1、φ_1,记入表 2.11.3。计算不同负载下的输入端阻抗,同时计算引入电阻、引入电抗。

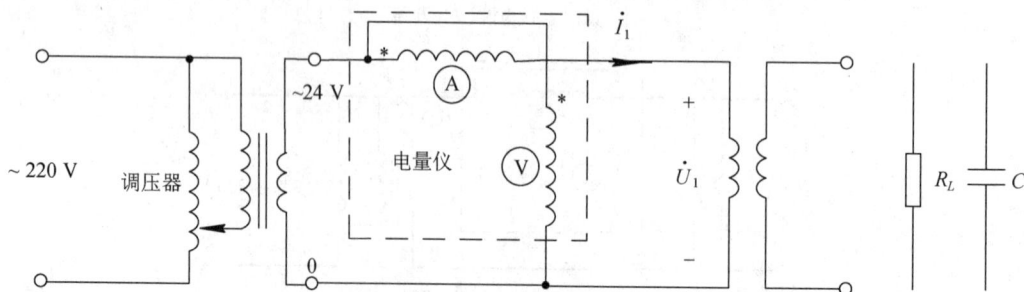

图 2.11.7　互感耦合电路

表 2.11.3　测引入阻抗实验数据

	测量值			计算值		
	U_1	I_1	φ_1	复阻抗	R_{1f}	X_{1f}
空载						
$R_L =$ _____						
$C =$ _____						

六、思考题

(1)用直流测定法判断线圈同名端时,为什么只观察闭合开关瞬间电流表显示读数的方向? 开关闭合一段时间后,会是什么现象?

(2)根据实验步骤 3 的实验结果,讨论互感对入端阻抗的影响。

七、实验报告要求

(1)根据测量数据计算各表中相应参数。

(2)回答思考题。

实验 12　三相交流电路

一、实验目的

(1)掌握三相负载和电源的正确连接方法(星形和三角形连接)。

(2)进一步了解三相电路中电压、电流的线值和相值的关系。

(3)了解三相四线制中线的作用。

(4)了解三相电路的相序测定方法。

二、预习内容

(1)三相电星形连接,在对称电路中,有中线时,三相电的电压为多少? 无中线时,三相电的电压为多少? 在不对称电路中,有中线时,三相电的电压为多少? 无中线时,三相电的电压为多少? (用符号表示即可)

(2)中线的作用是什么? 可不可以把中线省略,为什么?

三、实验原理

三相电的连接方式有两种:星形连接和三角形连接。对于不同的连接方式,三相电的相电压与线电压、相电流与线电流是不同的。

1.星形连接

星形原理图如图 2.12.1 所示,有:线电流 I_A =相电流 $I_{A'}$

$$\dot{U}_{AB} = \sqrt{3}\dot{U}_A \angle 30°, \dot{U}_{BC} = \sqrt{3}\dot{U}_B \angle 30°, \dot{U}_{CA} = \sqrt{3}\dot{U}_C \angle 30°$$

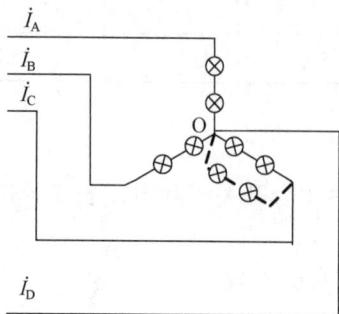

图 2.12.1　星形原理图

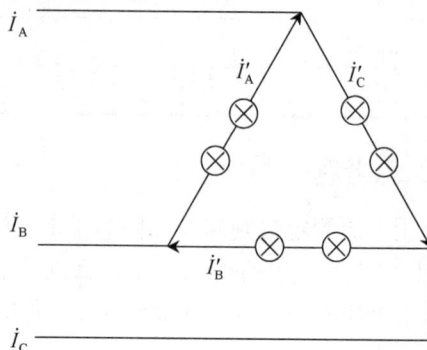

图 2.12.2　三角形原理图

2.三角形连接

三角形原理图如图 2.12.2 所示,有:线电压 = 相电压

$$\dot{I}_A = \sqrt{3}\dot{I}_{A'} \angle -30°, \dot{I}_B = \sqrt{3}\dot{I}_{B'} \angle -30°, \dot{I}_C = \sqrt{3}\dot{I}_{C'} \angle -30°$$

四、实验设备

名称	数量	型号
(1)三相调压器	1 块	30141210
(2)三相负载板	2 块	30111093
(3)单相电量仪	1 块	30121098
(4)三相功率表板	2 块	30121208
(5)电流插孔板	1 块	30111023
(6)安全导线与短接桥	若干	P12-1 和 B511
(7)灯泡	2 个	
(8)电容	1 个	10 μF/70 V×1

五、实验步骤

1.相序的测定

工业电力系统中,一般需要使用三相电来驱动诸如交流电机等设备,在使用中有时需要知道三相电源的相序。相序就是我们在教材中提到的 ABC 三相的次序,或者说是三相电通过最大值或过零值的次序,通常我们可以在实验室中用示波器来观察相序(通过变压器降压后),在实际工作中我们也可以通过一个相序测

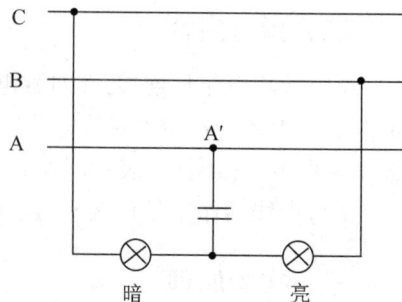

图 2.12.3　相序测定器原理图

定器来测定。相序测定器的原理如图 2.12.3 所示。其测量原理为:假设接入电容端为 A 相,则灯泡较亮的为 B 相(落后于 A 相),较暗的为 C 相(超前于 A 相)。其相序如图 2.12.3 中所示,注意,图中所标的单独的 A(或 B 或 C)是没有意义的,我们得到的是三相的相序 即:BCABCABC……

2.测量三相四线制电源(380 V 电源)的相电压、线电压

测量数据填入表 2.12.1 中。

表 2.12.1　三相四线制电源线电压、相电压的测量

	U_{AB}	U_{BC}	U_{CA}	U_{AO}	U_{BO}	U_{CO}
测量值						
理论值						

3.负载做星形连接

(1)将灯泡负载做星形连接(如图 2.12.4 所示)并请教师检查线路。测量数据填入 表2.12.2 中。

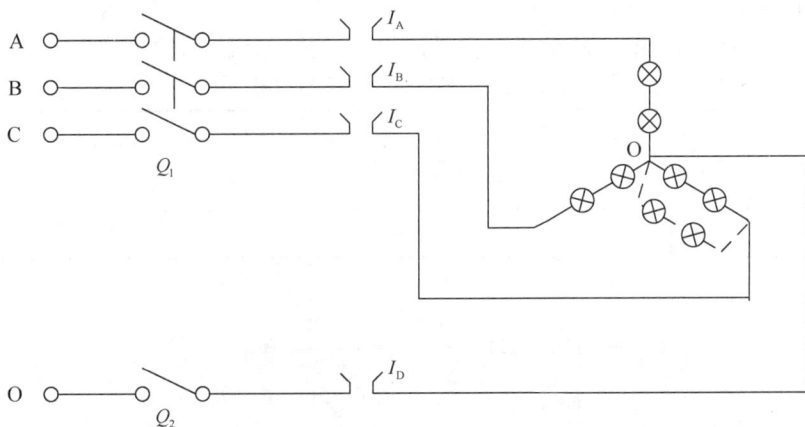

图 2.12.4　星形连接图

(2)测量对称负载,有中线和无中线时的各电量。

每相两盏灯泡均接入电源。测量负载侧的各相电压及电流。

断开中线,重复对各电量进行测量。

(3)测量不对称负载,有中线和无中线时的各电量。

将 C 相负载的灯泡增加一组,其他两相仍各为一组(不对称负载)。分别测量有中线和 无中线时的各电量。

注意:在断开中线时,由于各相电压不平衡,测量完毕应立即断开电源或接通中线。

表 2.12.2　星形负载下的测量

		对称负载		不对称负载	
		有中线	无中线	有中线	无中线
相电压 （V） （负载侧）	$U_{A'}$				
	$U_{B'}$				
	$U_{C'}$				
电流 （mA）	I_A				
	I_B				
	I_C				
	I_O				

4.负载做三角形连接

（1）按图 2.12.5 连接线路并请教师检查。

（2）测量对称负载时的各电量。

（3）测量不对称负载时的各电量。

将 AB 相灯泡增加一组。测量各电量,将所有测量数据填入表 2.12.3 中。

表 2.12.3　三角形负载下的测量

	$U_{A'B'}$	$U_{B'C'}$	$U_{C'A'}$	$I_{A'}$	$I_{B'}$	$I_{C'}$	$I_{C'A'}$	$I_{B'C'}$	$I_{A'B'}$
对称负载									
不对称负载									

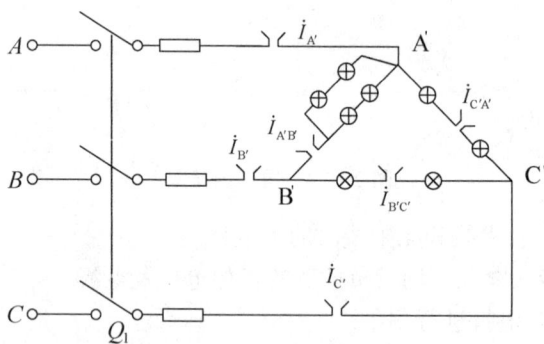

图 2.12.5　三角形连接图

六、思考题

（1）根据表 2.12.1 数据,计算三相电源相、线电压间的数值关系。

（2）根据表 2.12.2 数据,计算负载星形连接有中线时的相、线电压的数值关系,并按比例画出不对称负载有中线时各电量的相量图。

(3)负载为星形连接,中线的作用是什么? 在什么情况下必须有中线,在什么情况下可不要中线?

七、实验报告要求

(1)根据实验结果填写表 2.12.1 和表 2.12.2。

(2)回答思考题。

(3)思考三相电中中线的作用。

(4)思考三相电中,线、相之间数值上的关系,以及相位上的关系是如何造成的。

(5)A、B、C 三相如何标注? 怎样区别?

实验 13　日光灯 $\cos\varphi$ 的提高

一、实验目的

(1)进一步理解交流电路中电压、电流的相量关系。

(2)学习感性负载电路中提高功率因数的方法。

(3)进一步熟悉日光灯的工作原理。

二、预习内容

(1)计算日光灯的有功功率。

(2)电感(镇流器)上的电流计算表达式。

(3)电容上的电流计算表达式。

(4)分析在加入电容前、后,日光灯上的电流如何变化? 为什么?

(5)随着电容的逐渐增大,电容上的电流如何变化?

三、实验原理

本实验中 RL 串联电路用日光灯代替,日光灯原理电路如图 2.13.1 所示。

灯管工作时,可以认为是一电阻负载。镇流器是一个铁心线圈,可以认为是一个电感量较大的感性负载,两者串联构成一个 RL 串联阻抗。

日光灯起辉过程如下:当接通电源后,启动器内双金属片动片与定片间的气隙被击穿,连续发生火花,双金属片受热伸长,使动片与定片接触。灯管灯丝接通,灯丝预热而发射电子,此时,启动器两端电压下降,双金属片冷却,因而动片与定片分开。镇流器线圈因灯丝电路断电而感应出很高的感应电动势,与电源电压串联加到灯管两端,使管内气体电离产生弧光放电而发光,此时启动器停止工作(因启动器两端所加电压值等于灯管点亮后的管压降,40 W 管电压是 100 V 左右,这个电压不再使双金属片打火)。镇流器在正常工作时起限流作用。启动器在日光灯正常工作时呈断开状态。

通过上面的叙述,我们了解到日光灯在工作过程中有两种状态:一个是起辉状态,一个是正常工作状态。本实验忽略起辉状态,重点考察日光灯正常工作状态。在日光灯正常工作时,日光灯可用图 2.13.2 等效串联电路来表示,其中方框内为镇流器的等效电路,R 为灯管的等效电阻。启动器呈断开状态,所以在日光灯正常工作时的等效电路中没有启动器。

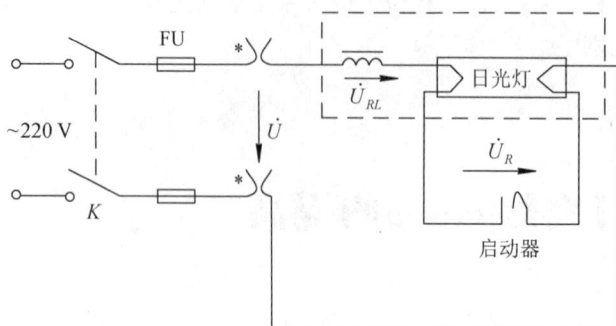

图 2.13.1　日光灯原理电路图

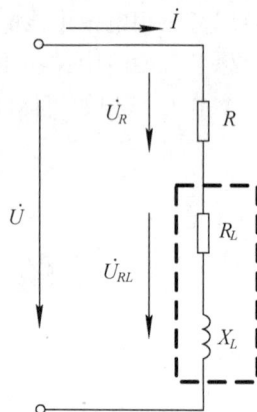

图 2.13.2　日光灯正常工作时的等效电路

四、实验设备

名称	数量	型号
(1)单相调压器	1 块	30141210
(2)日光灯开关板	1 块	30121012
(3)日光灯镇流器板带电容	1 块	30121036
(4)单相电量仪	1 块	30121098
(5)安全导线与短接桥	若干	P12-1 和 B511

五、任务与步骤

(1)按图 2.13.3 接好线路,接通电源,观察日光灯的启动过程。

(2)当 $C=0$ 时,测日光灯电路的端电压 U,灯管两端电压 U_R、镇流器两端电压 U_{RL}、电路电流 I 以及总功率 $P(=UI\cos\varphi)$、灯管功率 $P_R(=U_R I\cos\varphi)$、镇流器功率 $P_{RL}(=U_{RL}I\cos\varphi)$、功率因数 $\cos\varphi$,数据记录于表 2.13.1。

表 2.13.1　无补偿电容($C=0$)时,测量的数据

U	U_R	U_{RL}	I	P	P_R	P_{RL}	$\cos\varphi$

(3)日光灯电路两端并联电容,接线如图 2.13.3 所示。逐渐加大电容量,每改变一次电容量,都要测量端电压 U、总电流 I、日光灯电流 I_{RL}、电容电流 I_C 以及总功率 P 之值,记录于

表2.13.2。

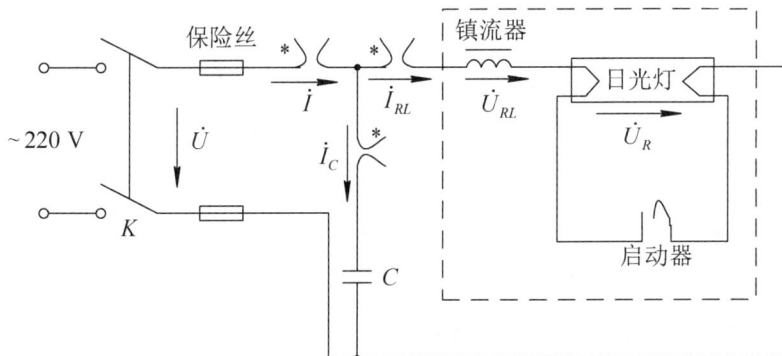

图 2.13.3 日光灯(镇流器和灯管)并联电容

表 2.13.2 改变补偿电容,测量的数据

电容 (μF)	测 量 数 据					计算
	$U(V)$	$I(A)$	$I_{RL}(A)$	$I_C(A)$	$P(W)$	$\cos\varphi$
1						
2						
3						
3.7						
4.7						
5.7						
6.7						

注意:如何判断阻抗是容性还是感性?

六、思考题

(1)并联电容提高 $\cos\varphi$ 时,电容的选择应考虑哪些原则?

(2)并联电容后,单相功率表有何变化?为什么?

七、实验报告要求

(1)填写实验表格 2.13.1 和 2.13.2,并完成计算。

(2)谐振时,电路有什么特征?或者说,实验中依据什么来判断电路达到了谐振?

实验 14 非正弦电路

一、实验目的

(1)观察非正弦波的合成。
(2)观察滤波电路中电感、电容器对非正弦波波形的影响。

二、预习内容

推导 $3\omega(150\ \text{Hz})$ 的正弦波是如何产生的?

提示:线路的不理想、电源的不对称导致三相电中每一相都不是理想的正弦波,即:严格来说,三相电中每一相都是非正弦波。

三、实验原理

本实验采用两个不同频率的正弦电源,如图 2.14.1 电路所示,其中 D_1 为基波电源,由实验台的基波信号源提供,D_1 有 12 V 和 24 V 输出,实验中采用 12 V 输出,1 和 2 分别为基波信号源的 0 和 12 V。D_1 是通过 220 V 交流电调压器降压得到,因此它的输出为 0~12 V(24 V 不用),频率为 $f_1=50$ Hz,输出电压 u_1 的大小可由实验台的调压器手柄调节。D_2 为三次谐波电源,由实验台调压输出提供,频率 $f_2=150$ Hz,由星形连接(线电压为 380 V)的三相电源供电给变压器初级,每一相变压器的次级输出电压为可调输出,其输出分别为 12 V 和 24 V,实验中采用 12 V,将三相电的三组次级输出电压用串联方式连接,如图 2.14.2 所示,以 a 和 Z 端作为三次谐波电源的输出端,得到三次谐波电源 D_2,电压为 u_3。若把 D_1 与 D_2 串联,便组成了一个非正弦波电源,见图 2.14.3。其端电压 u 即为一非正弦波。

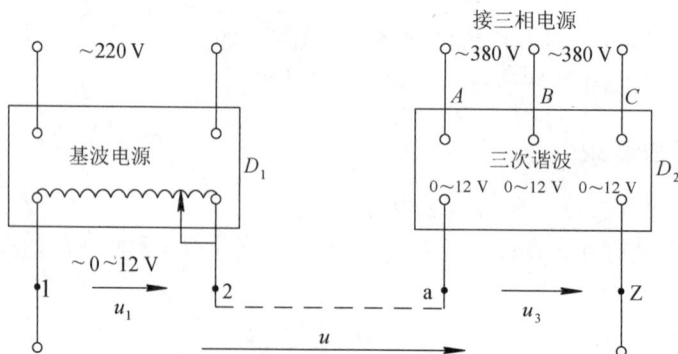

图 2.14.1 基波和三次谐波连接图

注意:每个电源的正、负极之间都不要用导线连接。

相电压星形连接三相电初级

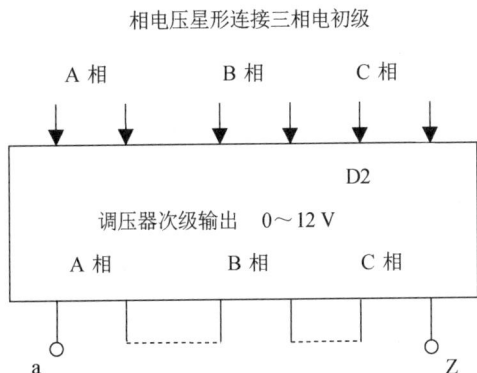

图 2.14.2 串联方式连接三组次级输出电压

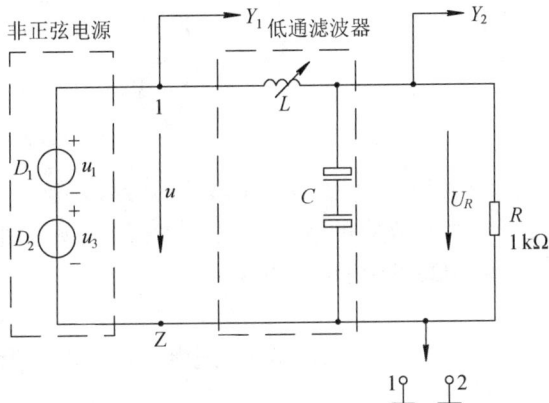

图 2.14.3 非正弦波电源图

如图 2.14.1 所示,把 2 和 a 相连,1 和 Z 作为输出端,则 $u=u_1+u_3$;如图 2.14.4 所示,把 1 和 a 相连,把 2 和 Z 作为输出端,则 $u=u_3-u_1$。显然,两种接法所得到的波形 u 是不同的。

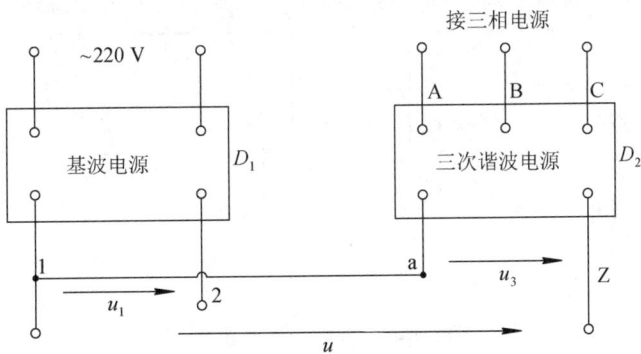

图 2.14.4 u_3-u_1 电路连接

我们知道,电感对于高频电流有抑制作用,而电容相反。图 2.14.3 中的 L、C 元件组成一个"低通滤波器",它的作用是"滤去"非正弦波 u 中的高频分量,即三次谐波分量。从而使负载电阻的端电压 u_R 的波形接近 50 Hz 正弦波。

四、实验设备

名称	数量	型号
(1)三相空气开关	1 块	30141210
(2)三次谐波电源	1 台	30121211
(3)基波电源	1 台	30111263
(4)示波器	1 台	学校自备
(5)电阻	1 个	1 kΩ×1
(6)电容	2 个	100 μF×2
(7)电感线圈	2 个	1 000 匝/500 匝带铁芯
(8)短接桥和连接导线	若干	P8-1 和 50148
(9)实验用 9 孔插件方板	1 块	297 mm×300 mm

五、任务与步骤

实验前的准备:

(1)根据实验任务,用方格纸先画好绘制各步骤波形所需的坐标。

(2)实验前要思考实验中所要观察的波形,根据所学理论,预先用铅笔在画好的坐标上定性地画出波形,以便与实验中观察到的波形做对比。

实验内容与步骤:

(1)观察单独的基波 D_1、三次谐波 D_2 的波形;观察叠加后的波形 u_1+u_3 和 u_1-u_3,并绘制波形图。

步骤 1:按图 2.14.2 接线。把点 A、B、C 对应接入三相电源。通电后,用双踪示波器通道 1 观察 u_3 波形,用示波器测量 u_3。观察基波波形,将示波器接入基波信号板,用示波器测量 u_1 的有效值。双踪示波器输入端的连接方法见图 2.14.5,其中箭头及旁边的 Y_1、Y_2 是指与双踪示波器的通道 1 和通道 2 输入端相接。画下所观察到的 u_1 和 u_3 波形。

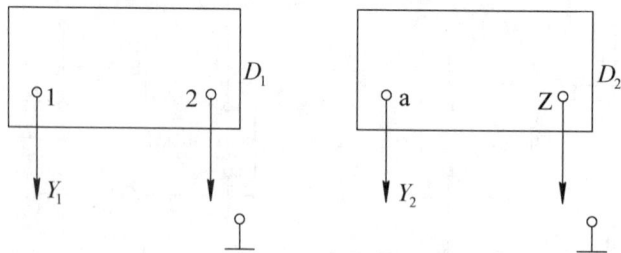

图 2.14.5　双踪示波器连接

步骤 2:按图 2.14.6 接线。把图 2.14.6 中的 2 端与 a 端连接,用示波器观察"u_1+u_3"以及"u_3-u_1"(如图 2.14.4 所示)组成的非正弦波波形,测量电压的有效值 u。

验证非正弦电压有效值与谐波电压有效值之间的关系。

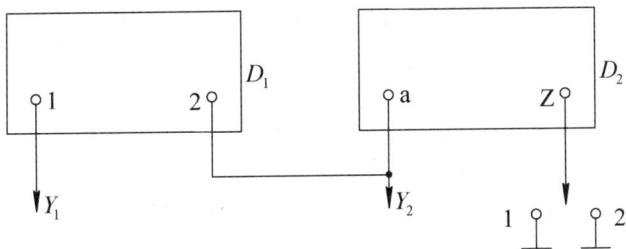

图 2.14.6　u_1+u_3 电路连接

将测量结果记入表 2.14.1 中。

表 2.14.1　电压源串联的测量

	D_1(有效值)	D_2(有效值)	u_1+u_3(有效值)	u_1-u_3
测量(有效值)	3 V			

注意:实验中,旋钮要选择调压输出,转动调压手柄时,D_1 和 D_2 同时改变(即 D_1 和 D_2 不能单独调节)。我们以基波的电压为准,将基波电压 u_1 调节到 3 V,然后测量其他值。波形图绘制在坐标纸上。

电压采用示波器测量,选择"测量""电压测量""均方根值"。波形可用手机拍照,如果波形不稳定,可以利用"stop"按钮,将波形固定。

(2)D_2 调节基波电源 D_1 的电压 u_1,观察波形并绘制波形图。

需记录:

步骤 3:调基波信号源的输出电压,使 $U_1=1$ V,观察并记下 u、u_1 和 u_3 的波形,其余与步骤 1 和步骤 2 相同。

将测量结果记入表 2.14.2 中。

表 2.14.2　改变电源 D_1 测量相应波形和数据

	$U_1=1$ V(有效值)时, u_1+u_3 的波形图	$U_1=3$ V(有效值)时, u_1+u_3 的波形图
测量(有效值)		

注意:波形图绘制在坐标纸上。

(3)观察 L、C 元件对非正弦波形的影响(滤波作用)。

步骤 4:按图 2.14.3 接线,其中 L 为 1 000 匝铁芯线圈,C 为 50 μF(两个 100 μF 电容的串联)。取 $u_1=u_3$,基波电源(D_1)与三次谐波电源(D_2)接线按图 2.14.1 连接(u_1+u_3),用双踪示波器观察 u 及 u_R 波形,并画下此时的 u、u_1、u_3 和 u_R 波形(画在同一坐标上)。

将示波器调到"math"中的 FFT 选项,观察各信号傅里叶变换得到的频谱图,比较滤波前与滤波后频谱图的变化,画出各频谱图。

将测量结果记入表 2.14.3 中。

表 2.14.3　电源串联时 (u_1+u_3) 滤波前后的波形图和频谱图

线圈 1 000 匝	滤波前的波形图	滤波后的波形图
波形图		

注意：将 u_1+u_3 串联后，调节调压器手柄，使串联电源的输出电压为 5 V，观察滤波前 (u_1+u_3) 的电压波形和滤波后 (电阻 R) 的电压波形，将波形图绘制在坐标纸上。

有条件的同学可选做：改变电感 500 匝或改变电容 10 μF、1 000 μF 等，观察滤波效果。

六、思考题

(1)实验中三次谐波电源是如何形成的？非正弦波电源是如何形成的？(提示：u_1 等于三相电串联，电压相加，A、B、C 相依次滞后 120°，推导出 u_1 和 u_3 叠加后总电源 u 的表达式，并代入实验中 u_1 和 u_3 的取值。)

(2)非正弦波一般含有多个频率分量，其波形也不再是正弦波。观察实验中的波形，体会非正弦波表现在时域上的波形与频域上的频率分量之间的关系。

(3)观测非正弦波，时域上用什么仪器观测，观测结果是什么？频域上用什么方法观测，观测结果是什么？

七、实验报告要求

(1)回答思考题。

(2)画出实验中的各个波形。

(3)非正弦波电源是如何形成的？含有哪些频率成分？这些是电源的频率域组成，在示波器上我们观察到的电源波形是该非正弦波电源的时域形式。比较这两个结果，思考它们是不是同一个电源。思考频域与时域的表现。

(4)滤波后频域与时域的波形是什么样子？为什么？根据频谱图进行分析。

第三部分

仿真实验

实验1 RC 一阶电路的响应研究

一、 实验目的

(1)学习用 Multisim 14.0 软件分析 RC 电路的过渡过程。

(2)观察电路参数变化对一阶电路响应的影响。

(3)分析 RC 电路是如何实现波形变换的。

二、 实验内容

(1)观测 RC 电路充放电过程中电容两端电压波形。

(2)观测 R 或 C 值参数的不同对过渡过程的影响。

(3)观测 RC 电路充放电时电容电压 u_C 和电流 i(即电阻两端电压 u_R)的变化波形。

三、 实验步骤

1.实验内容 1:RC 电路充电和放电过程中电容电压的变化

(1)绘制电路图

启动 Multisim 14.0 软件,创建一个项目文件,绘制 RC 充放电电路仿真图如图 3.1.1 所示。

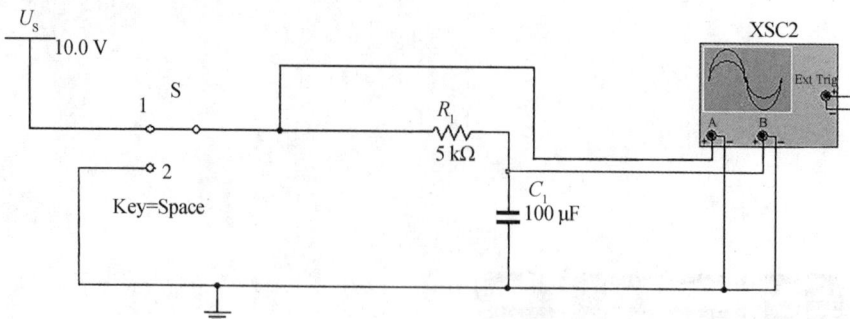

图 3.1.1　RC 充放电电路仿真图

具体操作:单击元器件工具栏中的 ÷，进入 Sources 选择菜单,顺序选择和点击 POWER_SOURCES、VCC，添加直流稳压电源 U_s,设置输出为 10 V;单击元器件工具栏中的 RESISTOR，进入 Basic 选择菜单,点击 ⌇⌇⌇，添加所需电阻 5 kΩ,然后点击 SWITCH，选择 SPST,添加所需开关;再点击 CAPACITOR，添加所需电容 100 μF;单击点击元器件工具栏中的 ÷，进入 Sources 选择菜单,点击 POWER_SOURCES，添加一个接地。单击仪表工具栏中的"示波器"按钮（Oscilloscope）,添加示波器,按照图 3.1.1 所示连接电路,然后保存项目文件。

(2)仿真分析

鼠标双击双踪示波器图标,打开双踪示波器面板。单击仿真工作栏"运行"按钮 ▷,将开关 S 打向位置"1"处,可在示波器面板观看充电过程,如图 3.1.2 所示。

充电结束后,再将开关 S 打向位置"2"处,电容器开始放电,在示波器面板观看放电过程,如图 3.1.3 所示。

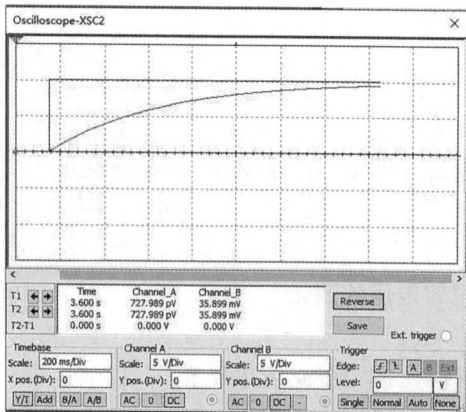

图 3.1.2　RC 充电仿真结果

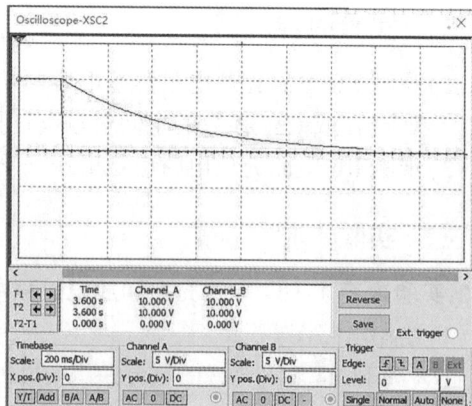

图 3.1.3　RC 放电仿真结果

2.实验内容 2:R 或 C 值参数的不同对过渡过程的影响

(1)改变 R 值

将 RC 充放电电路图中电阻 R 的值改为 15 kΩ 和 33 kΩ,单击仿真工作栏"运行"按钮 ▷,在示波器面板查看仿真结果,如图 3.1.4 所示。分析说明 R 值的不同对过渡过程的影响。

(2)改变 C 值

将 RC 充放电电路图中电阻 C 的值改为 500 μF 和 1 000 μF,单击仿真工作栏"运行"按钮 ▷,在示波器面板查看仿真结果,如图 3.1.5 所示。分析说明 C 值的不同对过渡过程的影响。

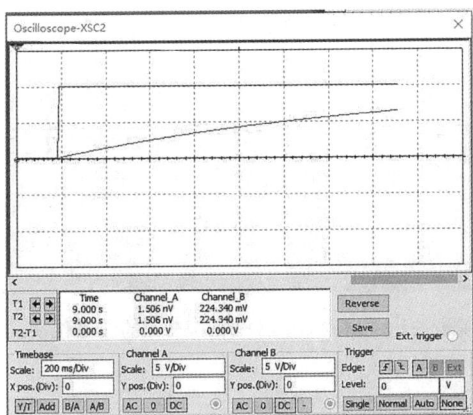

图 3.1.4　R 为 15 kΩ 时充电仿真结果

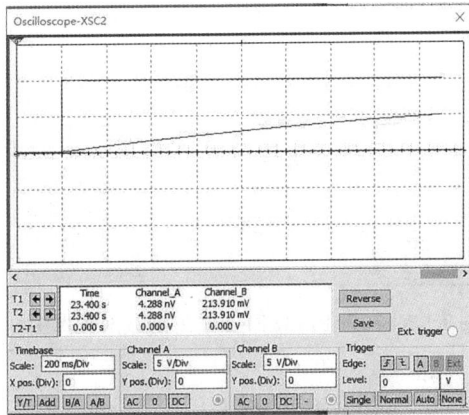

图 3.1.5　C 为 500 μF 时充电仿真结果

3.实验内容 3:RC 电路充放电时电容电压 u_C 和电流 i(即电阻两端电压 u_R)的变化波形

(1)绘制电路图

从仪表工具栏单击"函数信号发生器"按钮📶(Function generator),添加信号发生器,设置函数信号发生器波形为矩形波,幅值为 5 V,频率为 f=1 kHz,占空比为 50%。参照前述步骤,R 阻值为 10 kΩ,C 取 0.047 μF,绘制 RC 充放电电路如图 3.1.6 所示。

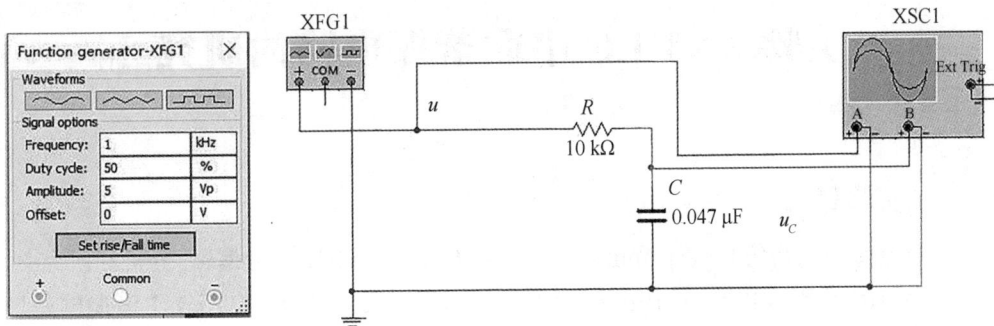

图 3.1.6　RC 充放电电路仿真图

(2)仿真分析

鼠标双击双踪示波器图标,打开双踪示波器面板。单击仿真工作栏"运行"按钮 ▷,在示波器面板观看仿真结果,如图 3.1.7 所示。改变电阻阻值,使 $R = 1\ \text{k}\Omega$,观察电压 u_C 波形的变化,分析其原因。

(3)将图 3.1.6 中电阻和电容位置互换,分别观察上述两种阻值下电阻两端电压波形,观察电阻电压波形的变化,分析其原因,如图 3.1.8 所示。

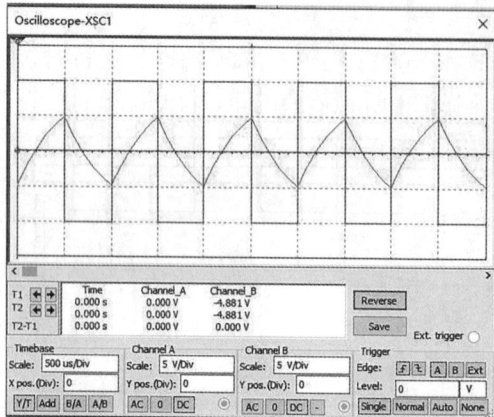

图 3.1.7 R 为 10 kΩ 时 u 与 u_C 的波形仿真图

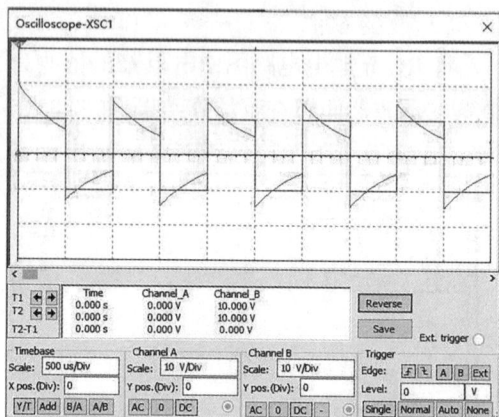

图 3.1.8 R 为 10 kΩ 时 u 与 u_R 的波形仿真图

四、实验报告要求

(1)整理实验结果及实验中显示的各种波形,绘制有代表性的波形。
(2)分析方波信号转换为三角波信号,可通过什么电路来实现?将方波信号转换为尖脉冲信号,可通过什么电路来实现?
(3)总结实验中所用仪器的使用方法。

实验 2 RLC 串联谐振电路的研究

一、 实验目的

(1)学习使用电路仿真软件 Multisim 14.0 对 RLC 串联电路进行编辑、分析和研究。
(2)学习测定 RLC 串联谐振电路幅频特性曲线的方法,加深对电路发生谐振的条件及其特点的理解。
(3)研究电路参数对串联谐振电路特性的影响,掌握品质因数的意义。

二、实验内容

（1）通过实验掌握找出 RLC 串联电路谐振频率的方法，学习绘制谐振曲线。

（2）测定 RLC 串联谐振电路的幅频特性曲线，研究电路参数对串联谐振电路特性的影响。

（3）用示波器观测 RLC 串联谐振电路中电流和电压的相位关系。

三、实验步骤

1.实验内容 1：绘制谐振曲线

（1）绘制电路图

启动 Multisim 14.0 软件，创建一个项目文件，绘制 RLC 串联谐振电路仿真图如图 3.2.1 所示。

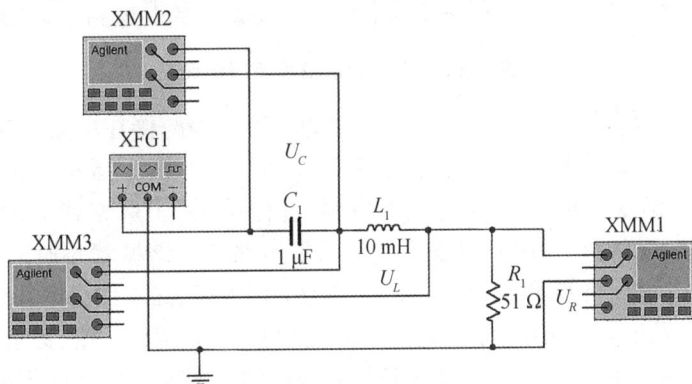

图 3.2.1　RLC 串联谐振电路仿真图

具体操作：单击元器件工具栏中的 ，进入 Basic 选择菜单，点击 **RESISTOR**，添加所需电阻 51 Ω，点击 **CAPACITOR**，添加所需电容 1 μF；点击 **INDUCTOR**，添加所需电感 10 mH。单击点击元器件工具栏中的 ，进入 Sources 选择菜单，点击 **POWER_SOURCES**，添加一个接地。

从仪表工具栏中拖出"函数信号发生器"和"安捷伦万用表（Agilent multimeter）"，放到电路窗口适当位置。元器件及仪器摆好后，按照图 3.2.1 所示连线，然后保存项目文件。

（2）仿真分析

鼠标双击函数信号发生器图标，打开信号发生器面板，设置信号发生器输出正弦波，有效值 2 V（峰值为 5.66 V）。双击安捷伦万用表图标，打开万用表面板，点击"Power"按钮打开万用表。单击仿真工作栏"运行"按钮 ▷ 。如图 3.2.2 所示。

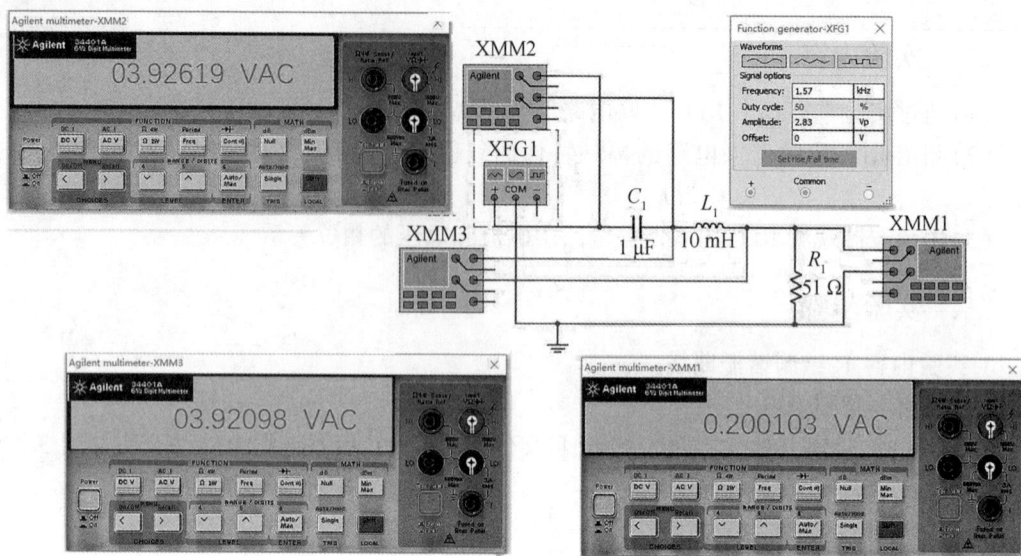

图 3.2.2　RLC 串联谐振电路仿真图

　　找出 RLC 串联电路的谐振频率 f_0,其方法为将万用表跨接在电阻两端,改变函数信号发生器的频率,使频率由小逐渐变大(注意要维持信号源的输出幅度不变),用万用表观察电阻两端电压 U_R 的变化规律,找到使 U_R 达到最大值的频率,此频率就是 RLC 串联电路的谐振频率 f_0。记录 U_{R0} 的值,并用万用表测量记录下电路达到谐振状态时电容和电感两端的电压值 U_{C0} 和 U_{L0},将此频率和测量值 U_{R0}、U_{C0} 及 U_{L0} 填入表 3.2.1 的中间部分,然后在谐振频率两侧调节信号发生器的频率,分别测量各频率点的 U_R、U_C 及 U_L 值,记录于表 3.2.1 中(在谐振点附近要多测几组数据),注意要维持信号源的输出幅度不变,f 的取值要均匀,照顾到 U_L 和 U_C 的范围。根据这些数据即可画出幅频特性曲线及谐振曲线。根据 $Q = \dfrac{U_L}{U_R} = \dfrac{U_C}{U_R}$,可求出 Q 值。

表 3.2.1　$R = 51\ \Omega$ 时的谐振电路测量

					$R = 51\ \Omega$	$L = 10\ \text{mH}$	$C = 1\ \mu\text{F}$	$Q =$			
测	f（kHz）					$f_0 =$（填测量值）					
	U_R(V)										
量	U_L(V)										
	U_C(V)										
计	I(mA)										
	I / I_0										
算	f / f_0										

2.实验内容2:研究电路参数对谐振曲线的影响

将图3.2.1电路中的电阻R更换为$100\ \Omega$,重复上述的测量步骤,并把测量的数据记录于表3.2.2中。

表3.2.2　$R=100\ \Omega$ 时的谐振电路测量

	$R=100\ \Omega$　$L=10\ \mathrm{mH}$　$C=1\ \mu\mathrm{F}$　$Q=$									
测量	$f\ (\mathrm{kHz})$				$f_0=$(填测量值)					
	$U_R\ (\mathrm{V})$									
	$U_L\ (\mathrm{V})$									
	$U_C\ (\mathrm{V})$									
计算	$I\ (\mathrm{mA})$									
	$I\ /\ I_0$									
	$f\ /\ f_0$									

3.实验内容3:用示波器观测RLC串联谐振电路中电流和电压的相位关系

(1)绘制电路图

按图3.2.3接线,R取$51\ \Omega$,电路中A点的电位送入双踪示波器的A通道,它显示出电路中总电压u的波形。将B点的电位送入双踪示波器的B通道,它显示出电阻R上的波形,此波形与电路中电流i的波形相似,因此可以直接把它看作电流i的波形。信号发生器的输出频率取谐振频率f_0,输出电压取$2\ \mathrm{V}$。

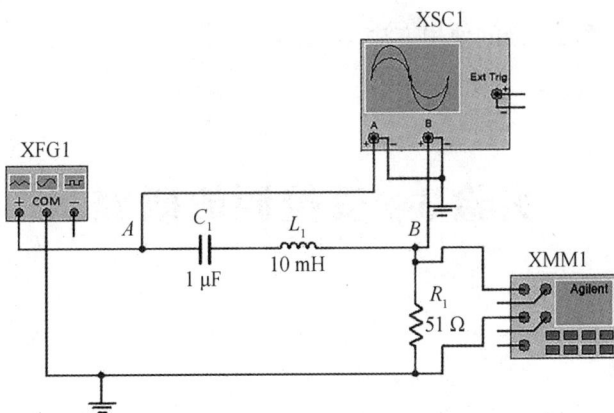

图3.2.3　RLC串联谐振电路仿真图

(2)仿真分析

单击仿真工作栏"运行"按钮 ▷,调节示波器使屏幕上获得$2\sim3$个周期波形,查看电流i和电压u的波形。再在f_0左右各取一个频率点,信号发生器输出电压仍保持$2\ \mathrm{V}$,在示波器面板查看仿真结果,如图 3.2.4 所示。比较在 $f<f_0$、$f=f_0$ 和 $f>f_0$ 三种情况下电压、电流相位关系的变化,分析变化的原因。

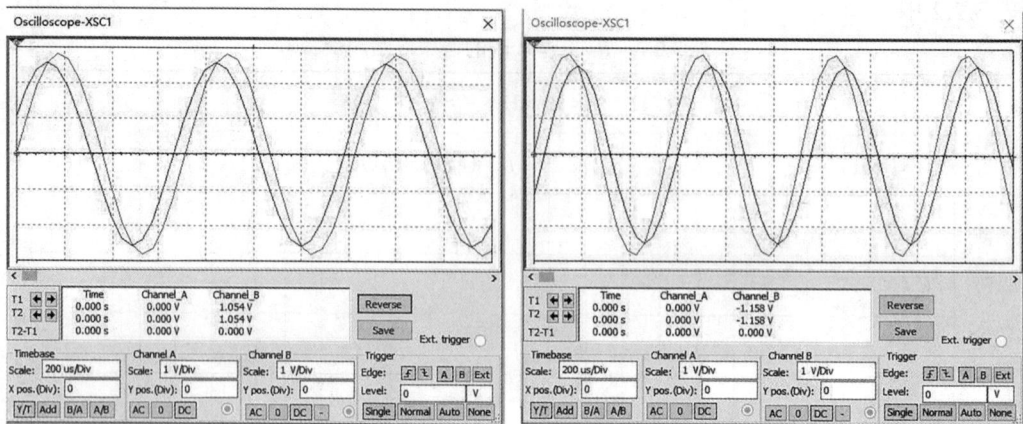

图 3.2.4 RLC 串联谐振电路中电流和电压的相位关系仿真结果

四、实验报告要求

(1)整理分析实验结果及实验中显示的各种数据,计算相应数值,在同一坐标中画出 $U_L \sim f$、$U_C \sim f$、$U_R \sim f$ 的幅频特性曲线。

(2)以 I/I_0 为纵坐标,f/f_0 为横坐标,绘制两条不同 Q 值的串联谐振曲线,分析电路参数对谐振曲线的影响。

(3)在图 3.2.3 中,电压和电流是如何取得的? 在示波器中如何判断相位的超前或滞后?

(4)总结实验中所用仪器的使用方法。

实验 3　受控源的研究

一、实验目的

(1)学习使用 Multisim 14.0 软件,加深对四类受控源电路原理的理解。

(2)测试受控源的转移特性及负载特性。

(3)熟悉由运算放大器组成受控源电路的分析方法。

二、实验内容

(1)测量电压控制电压源的转移特性和负载特性。
(2)测量电压控制电流源的转移特性和负载特性。
(3)测量电流控制电压源的转移特性和负载特性。
(4)测量电流控制电流源的转移特性和负载特性。

三、实验步骤

1.实验内容 1:测试电压控制电压源特性

(1)转移特性

启动 Multisim 14.0 软件,创建一个项目文件,绘制电压控制电压源(VCVS)电路如图 3.3.1所示。

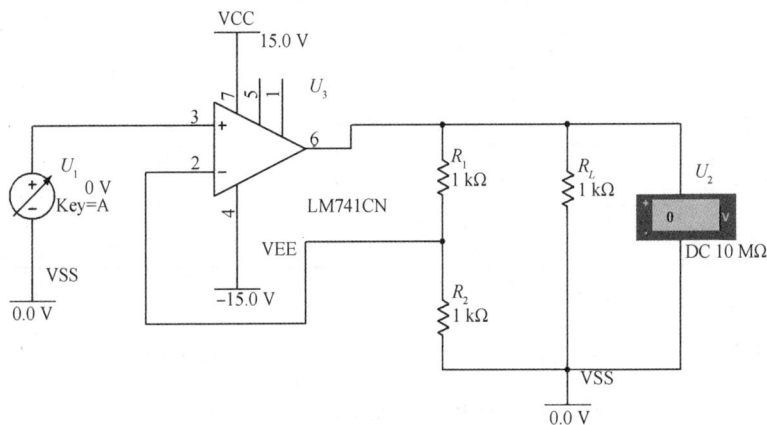

图 3.3.1 电压控制电压源电路仿真图

具体操作:单击元器件工具栏中的 ⇥ ,进入 Analog 选择菜单,点击 **<All families>**,然后

在 **Component: LM741CN** 栏中输入"LM741CN",点击"OK",添加所需运算放大

器;点击 ÷ ,进入 Sources 选择菜单,点击 **SIGNAL_VOLTAGE_SOURCES** 和

DC_INTERACTIVE_VOLTAGE,添加所需可调直流电压源,点击 **POWER_SOURCES**,添加 VSS、VCC

和 VEE;点击 ⌁ ,进入 Basic 选择菜单,点击 **RESISTOR**,添加所需电阻,点击 图 ,进入 In-

dicator 选择菜单,点击 **VOLTMETER** 和 **VOLTMETER_V** ,添加所需电压表。元器件及仪器摆好

后,按照图 3.3.1 所示连线,然后保存项目文件。

单击仿真工作栏"运行"按钮 ▷ ,查看仿真结果,如图 3.3.2 所示。改变 U_1(调节滑动

条)的值,测量负载电压,得到电路的转移特性,如表 3.3.1 所示。

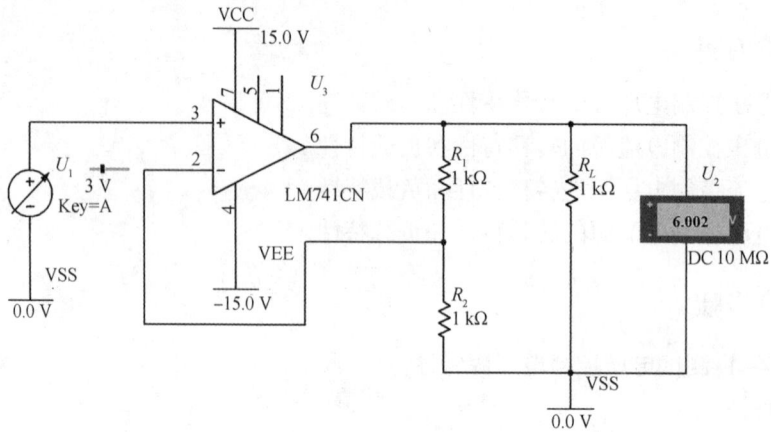

图 3.3.2　电压控制电压源电路仿真结果

表 3.3.1　VCVS 的转移特性

		$R_1 = R_2 = 1\ \text{k}\Omega$			$R_L = 1\ \text{k}\Omega$		
给定值	$U_1(\text{V})$	0	1	2	3	4	5	6
测试值	$U_2(\text{V})$							
计算值	$\mu = U_2/U_1$							

（2）负载特性

根据表 3.3.2 中内容和参数，自行给定 R_L 值，测试 VCVS 的负载特性 $U_2 = f(R_L)$。

表 3.3.2　VCVS 的负载特性 $U_2 = f(R_L)$

		$R_1 = 1\ \text{k}\Omega$	$R_2 = 2\ \text{k}\Omega$	$U_1 = 1\ \text{V}$		
给定值	$R_L(\text{k}\Omega)$	3.0	4.7	10	15	33
测试值	$U_2(\text{V})$					
计算值	$\mu = U_2/U_1$					

2.实验内容 2：测试电压控制电流源特性

（1）转移特性

参照前述步骤，绘制电压控制电流源（VCCS）电路如图 3.3.3 所示。

单击仿真工作栏"运行"按钮 ▷ ，查看仿真结果。改变 U_1（调节滑动条）的值，测量负载电流，得到电路的转移特性，如表 3.3.3 所示。

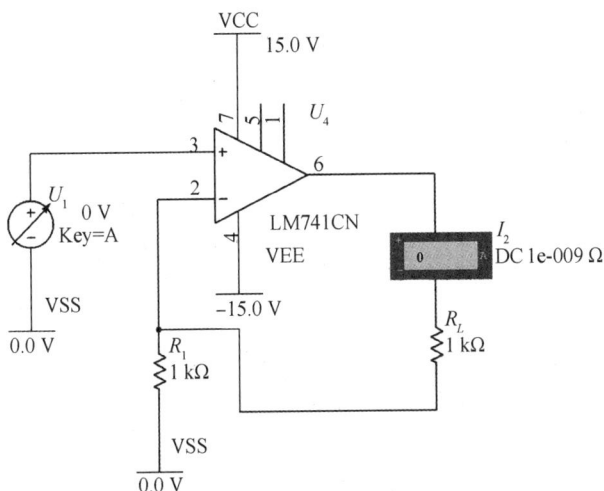

图 3.3.3　**电压控制电流源电路仿真图**

表 3.3.3　VCCS **的转移特性** $I_2 = f(U_1)$

	$R_1 = 1\ \mathrm{k\Omega}$			$R_L = 1\ \mathrm{k\Omega}$			
给定值	$U_1(\mathrm{V})$	6	5	4	3	2	1	0
测试值	$I_2(\mathrm{mA})$							
计算值	$g = I_2/U_1(\mathrm{S})$							

（2）输出特性

根据表 3.3.4 中内容和参数，自行给定 R_L 值，测试 VCCS 输出特性 $I_2 = f(R_L)$。

表 3.3.4　VCCS **输出特性** $I_2 = f(R_L)$

	$R_1 = 2\ \mathrm{k\Omega}$		$U_1 = 1\ \mathrm{V}$		
给定值	$R_L(\mathrm{k\Omega})$	3	4.7	10	15	20
测试值	$I_2(\mathrm{mA})$					
计算值	$g = I_2/U_1(\mathrm{S})$					

3. 实验内容 3：测试电流控制电压源特性

（1）转移特性

参照前述步骤，绘制电流控制电压源（CCVS）电路如图 3.3.4 所示。点击 ÷，进入 Sources 选择菜单，点击 SIGNAL_CURRENT_SOURCES，DC_INTERACTIVE_CURRENT，添加所需的直流可调恒流源。

单击仿真工作栏"运行"按钮 ▷，查看仿真结果。改变 I_1（调节滑动条）的值，测量负载电压，得到电路的转移特性，如表 3.3.5 所示。

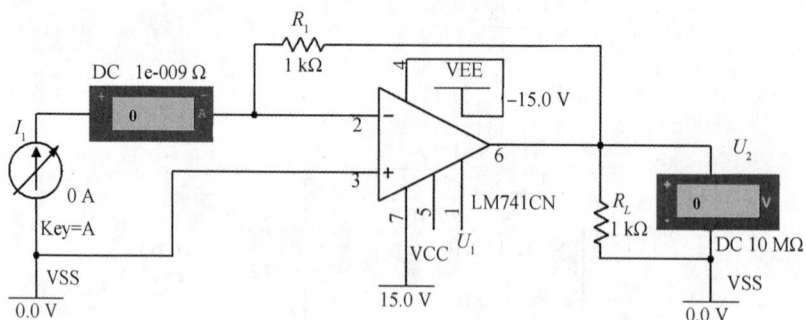

图 3.3.4　电流控制电压源电路仿真图

表 3.3.5　CCVS 的转移特性 $U_2 = f(I_1)$

	$R_1 = 1$ kΩ				$R_L = 1$ kΩ				
给定值	I_1(mA)	0	0.5	1	1.5	2	2.5	3	3.5	4
测试值	U_2(V)									
计算值	$\gamma = U_2/I_1$(Ω)									

（2）输出特性

根据表 3.3.6 中内容和参数,自行给定 R_L 值,测试 CCVS 输出特性 $U_2 = f(R_L)$。

表 3.3.6　CCVS 的输出特性 $U_2 = f(R_L)$

	$R_1 = 2$ kΩ	$I_1 = 1.5$ mA			
给定值	R_L(kΩ)	3	4.7	10	15	33
测试值	U_2(V)					
计算值	$\gamma = U_2/I_1$(Ω)					

4.实验内容 4:测试电流控制电流源特性

（1）转移特性

参照前述步骤,绘制电流控制电流源（CCCS）电路如图 3.3.5 所示。

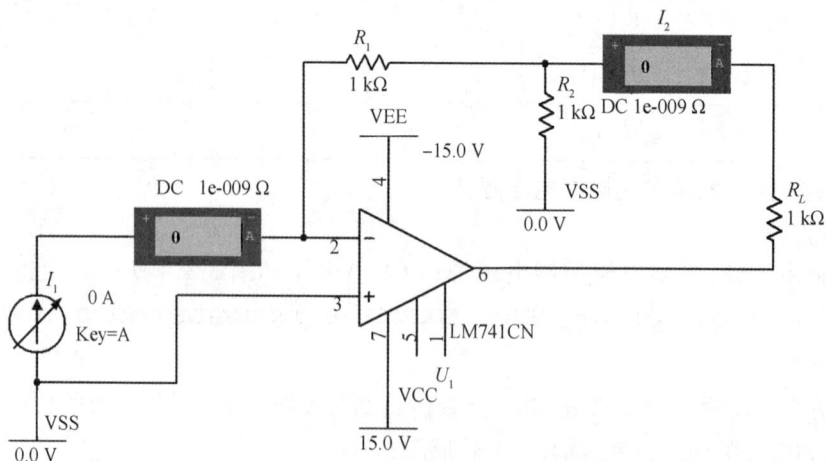

图 3.3.5　电流控制电流源电路仿真图

单击仿真工作栏"运行"按钮 ▷，查看仿真结果。改变 I_1（调节滑动条）的值，测量负载电流，得到电路的转移特性，如表 3.3.7 所示。

表 3.3.7　CCCS 的转移特性 $I_2 = f(I_1)$

给定值	I_1(mA)	0	0.5	1	1.5	2	2.5	3	3.5	4
$R_1 = 1\ \text{k}\Omega$				$R_2 = 1\ \text{k}\Omega$			$R_L = 1\ \text{k}\Omega$		
测试值	I_2(mA)									
计算值	$\beta = I_2/I_1$									

（2）输出特性

根据表 3.3.8 中内容和参数，自行给定 R_L 值，测试 CCCS 输出特性 $I_2 = f(R_L)$，如表 3.3.8 所示。

表 3.3.8　CCCS 输出特性 $I_2 = f(R_L)$

		$R_1 = 2\ \text{k}\Omega$	$R_2 = 1\ \text{k}\Omega$		$I_1 = 0.5\ \text{mA}$	
给定值	R_L(kΩ)	1	2	2.4	3.0	4.7
测试值	I_2(mA)					
计算值	$\beta = I_2/I_1$					

四、实验报告要求

（1）整理实验所测数据，计算各受控源系数，分析误差原因。

（2）根据实验数据分析受控源的负载特性。

（3）总结实验中所用仪器的使用方法。

第四部分

综合创新设计实验

　　本部分所列实验为综合创新性的实验,其内容都是指导性的,具体的设计需要同学们根据所学知识自行设计,所以下面的内容中均不设置实验器材、实验表格等,由同学们根据自己所选择的实验及要求自行设计。

　　总之,无论同学们采用何种设计,只要能完成设计任务、满足设计要求即可。

实验 1　电桥测量电路的研究与设计

一、实验目的

(1)学习电桥测量电路的原理。

(2)了解传感器的基本概念。

(3)掌握非电量的一种电测量方法。

二、预习要求

(1)看懂实验原理和电路图,掌握实验方法。

(2)查阅温度传感器的知识。

(3)画出测量温度的桥式电路,计算出所需的元件参数值。

三、实验原理

1.温度传感器

热电阻是测量温度的一种常用元件（俗称温度传感器），类型有铂电阻、铜电阻、热敏电阻等。其结构一般由电阻体、骨架、绝缘体套管、内引线、保护管、接线座（或接线柱、接线盒）等组成。热电阻的测温原理是基于导体和半导体材料的电阻值随温度的变化而变化（利用该器件的温度特性），用显示仪表测出热电阻的电阻值，从而得出与电阻值相对应的温度值。

热电阻温度计具有以下特点：

（1）有较高的精度；

（2）灵敏度高，输出的信号较强，容易显示和实现远距离传送；

（3）金属热电阻的电阻温度关系具有较好的线性度，而且复现性和稳定性都较好。

用铜电阻这类热电阻作为温度传感器时，由于温度的变化只引起很小的电阻值变化，所以热电阻的测量电路常用不平衡电桥来测量。常用的铜热电阻传感器有 Cu100 和 Cu50 两种，是指在 0 ℃时，铜电阻的电阻值分别为 100 Ω 和 50 Ω。

铜热电阻 Cu100 的阻值 R_t 与温度 t 的关系为

$$R_t = R_0(1+\alpha t)$$

其中 $R_0 = 100$ Ω，温度系数 $\alpha = 4.25 \times 10^{-3}/℃^{-1}$。

若采用的是其他类型的温度传感器，阻值与温度的对应关系可查阅相关资料获得。

2.桥式电路

将所需电阻（器件）接成桥形的电路，其中两个对角线点为输入，另外两个对角线点为输出，因其具有对称性，形状像"桥"一样，俗称桥式电路。实际使用的有桥式选频网络、桥式整流电路等。

热电阻测温原理图参考图 4.1.1。图中，R_1、R_2、R_3、R_t 组成一个不平衡电桥，电桥的工作电压源为 U_S，R_t 为热电阻，用于感受温度的变化，毫伏表为不平衡电桥的输出电压。设平衡时，$R_1 = R_3$，$R_2 = R_{t0}$（R_{t0} 是热电阻在 t_0 温度时的电阻值），当温度从 t_0 变化到 t 时，热电阻 $R_t = R_{t0} + r$（r 为温度变化引起的阻值变化），那么电桥的 A、B 两端会产生一个不平衡电压 U。

设 $t = t_0$ 时电桥平衡，即 $R_1 = R_3$，$R_{t0} = R_2$，此时

$$U_{AB} = \left(\frac{R_{t0}}{R_{t0}+R_3} - \frac{R_2}{R_1+R_2}\right)U_S = 0$$

即毫伏表的指示应为零。

当 $t = t_0 + \Delta t$ 时，$R_t = R_{t0} + r$，电桥平衡被破坏，此时

$$U_{AB} = \left(\frac{R_{t0}+r}{R_{t0}+r+R_3} - \frac{R_2}{R_1+R_2}\right)U_S \neq 0$$

即毫伏表的指示不为零。

将热电阻接入电桥中，如图 4.1.2 所示。调节电桥电路，使之在温度 $t = 0$ ℃时电桥平衡，毫伏表指示（指示）为 0；温度 $t = 100$ ℃时毫伏表指示为 100 mV。这样就可以由毫伏表

的示数直接读出温度值。

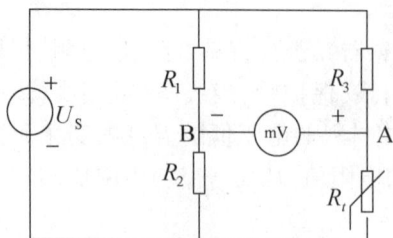

图 4.1.1　电桥测温电路　　　　　图 4.1.2　改进的电桥测温电路

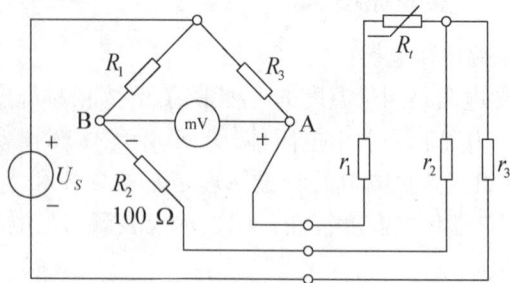

为了消除连接线对测量的影响,热电阻一般有 3 个接线端,采用图 4.1.2 的三线接法。图中 r_1、r_2 和 r_3 为连接线的电阻。三条连接线材质、线径和长度相同。为了避免热电阻自身发热影响测量结果,工作电流一般不超过 5 mA。

四、实验内容

1.计算理论值

设 $t=t_0$ 时电桥平衡,即 $R_1=R_3$,$R_{t0}=R_2$;当 $t=t_0+\Delta t$ 时,$R_t=R_{t0}+r$,电桥平衡被破坏,此时

$$U_{AB} = (\frac{R_{t0}+r}{R_{t0}+r+R_3} - \frac{R_2}{R_1+R_2}) U_S \neq 0$$

毫伏表的指示不为零。根据上述公式将计算电压值填入表 4.1.1 中。

表 4.1.1　实验数据表格

温度(℃)							
电阻值(Ω)							
计算电压值(V)							
测量电压值(V)							

2.测量数据

调节温度将测量得到电压值填入表 4.1.1 中。

五、实验报告要求

(1)将表 4.1.1 中的数据加以分析并计算误差,进行误差分析。

(2)除了本实验介绍的电桥测温电路外,能否举出桥式电路在其他非电量测量方面的应用例子?

(3)写出设计及实验心得。

实验 2 运算放大器的简单应用

一、实验目的

(1)获得运算放大器和有源器件的感性认识。

(2)了解运算放大器的简单运用。

二、预习要求

(1)阅读教材中有关运算放大器的相关理论知识。

(2)查阅有关数模转换电路的知识。

三、实验内容和步骤

1.分压器及电压跟随器

分压器的输出电压在空载和有载时是不同的,若负载变化范围很大,分压器的输出电压波动也大。在实际应用中,为了防止级联间的相互影响,常采用由运放组成的电压跟随器作为隔离级。

(1)分压器空载及负载能力

图 4.2.1 所示为一个具体的分压器电路。

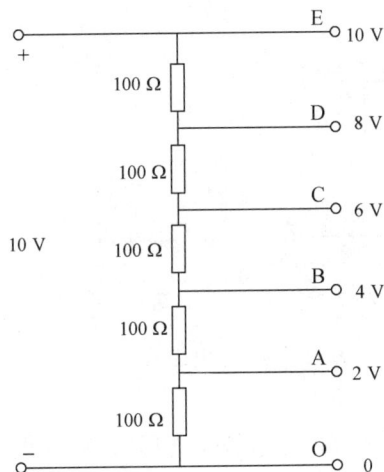

图 4.2.1 分压器电路

①测量空载输出电压。按表 4.2.1,用直流电压表测量图 4.2.1 中各点对地电压。

表 4.2.1　空载时电压测量

表 4.2.1　空载时电压测量

空载 u_0(V)	u_{AO}	u_{BO}	u_{CO}	u_{DO}	u_{EO}

②测量带载输出电压。按表 4.2.2 用直流电压表测量分压器输出端带不同量级负载时的输出电压,并计算电压变化率 $\dfrac{u_{空载} - u_{带载}}{u_{空载}} \times 100\%$。

表 4.2.2　不同负载下电压的测量

	u_{AO}			u_{BO}			u_{CO}			u_{DO}			u_{EO}		
负载(kΩ)	0.1	1	10	0.2	2	20	0.3	3	30	0.4	4	40	0.5	5	50
电压(V)															
变化率															

（2）电压跟随器

由运算放大器构成的电压跟随器如图 4.2.2 所示。应用"虚短""虚断"概念分析该电路,很显然 $u_2 = u_1$,即具有电压跟随作用。

电压跟随器可以用来作为分压器与负载之间的隔离级,一方面实现各种级别电压供给的作用;另一方面由于其输出阻抗很小,可以大大增加其带负载的能力,以消除其负载效应。

图 4.2.3 所示为带电压跟随器隔离的分压器。很明显,使用跟随器作为隔离级,使得在接入负载后的输出电压与空载时相同,均为 $\dfrac{R_2}{R_2 + R_1}u$,说明该电路已经不受负载影响。

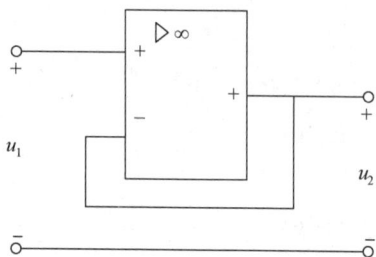

图 4.2.2　电压跟随器

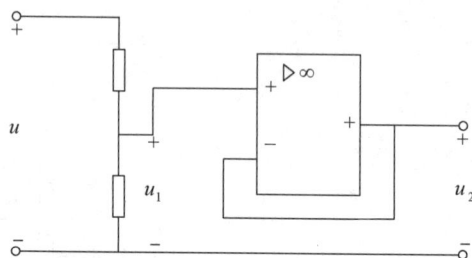

图 4.2.3　带电压跟随器隔离的分压器

①测量带电压跟随器后分压器的空载输出电压。

电路及表格自行设计。

②测量带电压跟随器后分压器的带载输出电压,计算变化率。

电路及表格自行设计。

2.数模转换器（解码电路）的构成及特性

（1）解码电路原理

图 4.2.4 所示是一个具有四个二进制位的解码电路,它由一个运放和一个电阻网络

构成。

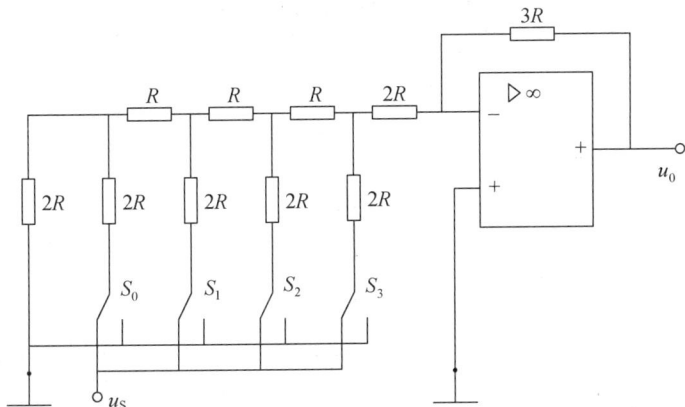

图 4.2.4 解码电路

该电路可以对二进制数据进行解码,使之转换为相应的模拟量电压值,从而实现由数字量到模拟量的转换。

该电路中,按由高到低为 $S_3(d_3)$、$S_2(d_2)$、$S_1(d_1)$、$S_0(d_0)$,开关位置代表了二进制码 $(d_3 d_2 d_1 d_0)$:接"地"时,代表"0";接"u_S"时,代表"1"。

由叠加定理可以证明,该电路中从 A 点向左看进去的戴维南等效电源的电压值为

$$u_e = \frac{u_S}{2^4}(d_0 2^0 + d_1 2^1 + d_2 2^2 + d_3 2^3)$$

当某一开关不接电源而接地时,即为低电平,表示数字量 $d=0$,否则 $d=1$。

戴维南等效电阻为 $R_{eq} = R$。由此可得图 4.2.4 所示的戴维南等效电路如图 4.2.5 所示。

由图 4.2.5,利用"虚短""虚断"概念得:

$$I_T = I_f$$

$$I_T = \frac{u_e}{3R}$$

$$I_f = -\frac{u_0}{3R}$$

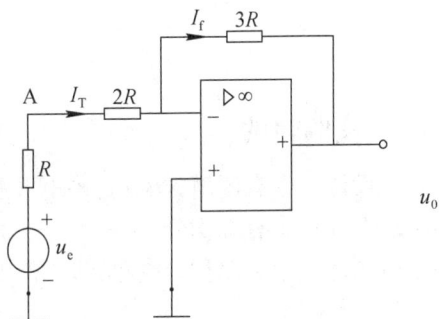

图 4.2.5 解码电路的等效电路

即

$$u_0 = -u_e = -\frac{u_S}{2^4}(d_0 2^0 + d_1 2^1 + d_2 2^2 + d_3 2^3)$$

由此可知输出模拟电压正比于输入数字量信号。如取 $u_S = 8$ V,$d_3 d_2 d_1 d_0 = 0011$,则

$$u_0 = -\frac{8}{2^4} \times (1 \times 2^0 + 1 \times 2^1 + 0 \times 2^2 + 0 \times 2^3) = -1.5(\text{V})$$

(2)解码电路特性测试

本实验中,运放工作电压取±8 V,其中+8 V 还可同时供给 u_S。按表 4.2.3 所列数据,在

电路中使开关置"地"或者"u_S",测量记录相对应的模拟输出电压值。

表 4.2.3　模拟输出电压值

十进制	二进制	输出电压 u_0(模拟量,V)
1	0001	
2	0010	
3	0011	
4	0100	
5	0101	
6	0110	
7	0111	
8	1000	

四、实验报告要求

(1)整理实验数据和图表,对于所做实验内容,给出比较详细的分析说明。

(2)谈谈对运算放大器及其运用的初步认识和体会。

实验3　波形变换电路的设计与实现

一、实验目的

(1)设计一个有源微分电路,将矩形波变换成尖脉冲波。

(2)设计一个有源积分电路,将矩形波变换成三角波。

(3)设计一个有源积分电路,将矩形波变换成锯齿波。

二、实验原理

(1)在脉冲电路中,微分电路是一种常用的波形电路,它可将矩形波(或方波)变换成尖脉冲波。

图 4.3.1 所示是一种最简单的微分电路,它实质上是一个对时间常数有一定要求的 RC 串联分压电路。对于图 4.3.1(a)所示电路,输入端加矩形脉冲电压,选取 R、C 值使 $\tau \ll \dfrac{T}{2}$,则 $u_C \gg u_R$,$u_S \approx u_C$,得

$$u_R = R_i = R_C \frac{\mathrm{d}u_C}{\mathrm{d}t} \approx \frac{\mathrm{d}u_S}{\mathrm{d}t}$$

120

可见输出电压时输入电压的微分,这种电路称为 RC 微分电路。u_S 与 u_R 波形如图 4.3.1(b)所示。

如果将图 4.3.1(a)电路加一运算放大器,如图 4.3.1(c)所示,输入 u_S 和输出 u_o 的关系为 $u_o = -R_C \dfrac{\mathrm{d}u_S}{\mathrm{d}t}$,此电路称为有源微分电路。

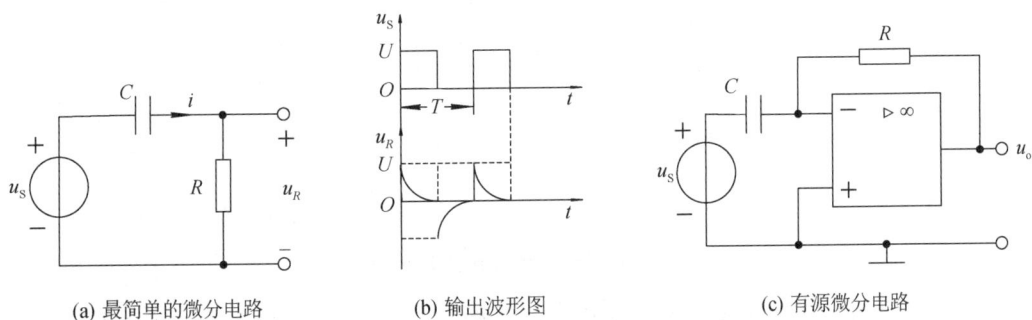

(a) 最简单的微分电路　　(b) 输出波形图　　(c) 有源微分电路

图 4.3.1　微分电路

(2)在脉冲电路中,积分电路是另一种常用的波形电路,它可将矩形波变换成三角波。

对图 4.3.2(a)所示电路,如选取 R、C 值,使 $\tau \gg \dfrac{T}{2}$,则 $u_R \gg u_C$,$u_R \approx u_S$,由此得到输出端电容上的电压

$$u_C = \frac{1}{C}\int i\,\mathrm{d}t = \frac{1}{C}\int \frac{u_R}{R}\mathrm{d}t = \frac{1}{RC}\int u_R\,\mathrm{d}t \approx \frac{1}{RC}\int u_S\,\mathrm{d}t$$

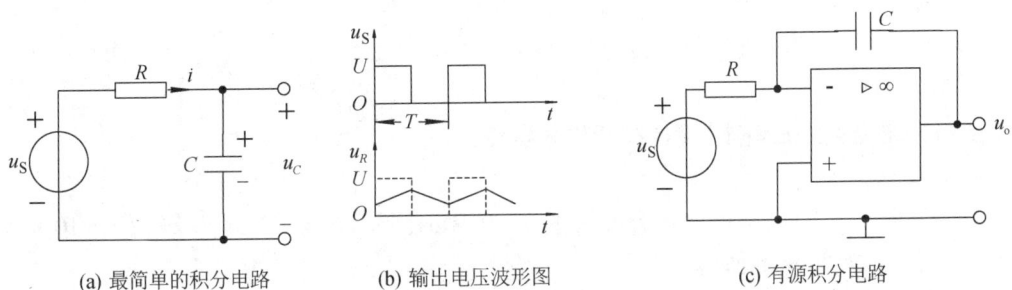

(a) 最简单的积分电路　　(b) 输出电压波形图　　(c) 有源积分电路

图 4.3.2　积分电路

可见当 τ 很大时,输出电压 u_C 近似与输入电压 u_S 对时间的积分成正比,这种电路称为积分电路。u_S 与 u_C 波形如图 4.3.2(b)所示。

如果将图 4.3.2(a)电路加一运算放大器,如图 4.3.2(c)所示,输入 u_S 和输出 u_o 的关系为 $u_o = -\dfrac{1}{RC}\int u_S\,\mathrm{d}t$,此电路称为有源积分电路。

如果将积分电路的充电和放电回路的时间常数设计得不一样,例如充电时间常数小而放电时间常数大(或相反),则积分电路还可以将矩形波变换为锯齿波,如图 4.3.3(a)所示。

充电时间常数 $\quad \tau_1 = \dfrac{R_1 R_2}{R_1 + R_2} C$

放电时间常数 $\quad \tau_2 = R_1 C$

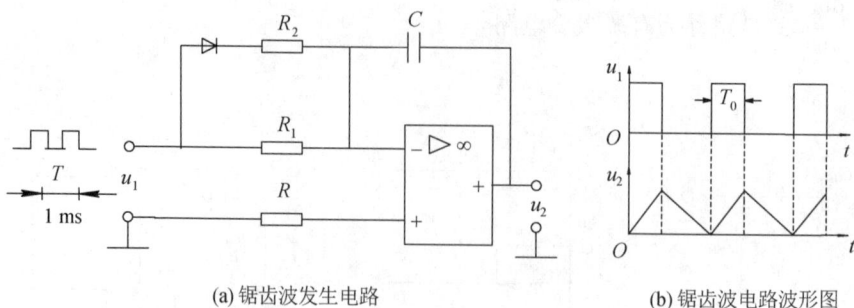

(a) 锯齿波发生电路　　　　　　　(b) 锯齿波电路波形图

图 4.3.3　锯齿波发生电路及其波形

设计积分电路,通常要求电路时间常数不小于脉冲宽度的 5 倍以上,即 $\tau = R_c \geqslant 5T_0$。

三、实验内容和要求

1.由方波变换尖脉冲(设计有源微分电路)

设计要求:

(1)电路自行设计,根据给定方波的周期 $T = 0.1$ ms,要求按 $T/2 = 5\tau$ 及 10τ 设计元件参数(元件参数取标准值)。

(2)用 PSpice 进行分析,要求在屏幕上出现 10 个尖脉冲,幅度适当。

(3)改变参数再观察波形,分析构成微分电路的条件。

(4)写出设计报告,打印出所设计的电路和波形。

(5)组装调试。

2.由方波变换为三角波(设计有源积分电路)

设计要求:

(1)电路自行设计,根据给定方波周期 $T = 0.1$ ms,要求按 $\tau = 5 \cdot (T/2)$ 及 $\tau = 10 \cdot (T/2)$ 设计元件参数(取标准值)。

(2)用 PSpice 进行分析,要求在屏幕上出现 5 个周期的三角波。

(3)改变参数再观察波形,分析构成积分电路的条件(形成线性好的三角波)。

(4)写出设计报告,打印出所设计的电路和波形。

(5)组装调试。

3.由方波变换锯齿波

设计要求:

(1)电路自行设计,应考虑充、放电时间常数不同的积分电路。

(2)用 PSpice 进行分析,写出设计报告,打印出所设计的电路和波形。

(3)组装调试。

四、实验报告要求

(1)写出设计方案要求:有完整的设计方案和电路图;有参数计算方法和实际元件选择;说明所设计电路的工作原理。

(2)将观测到的各种电路波形绘制在坐标纸上,并分析得到的结论。

(3)写出设计及实验心得。

实验4　负阻抗变换器的设计与实现

一、实验目的

(1)学习测量有源器件的特性。

(2)获得负阻抗器件的感性认识。

(3)进一步研究二阶 RLC 电路的过渡过程。

二、实验原理

负阻抗变换器(Negative-impedance Convertor, NIC)是一种有源元件,有两种形式:一种是电压反向型负阻抗变换器,简称 UNIC,它使电压的极性反向而不改变电流的方向;另一种是电流反向型负阻抗变换器,简称 INIC,它使电流方向倒置而不改变电压的极性。本实验采用一种由运算放大器构成的电流反向型负阻抗变换器。

图 4.4.1(a)框内部分是负阻抗变换器的原理图,图 4.4.1(b)是对应于框内的二端口网络。

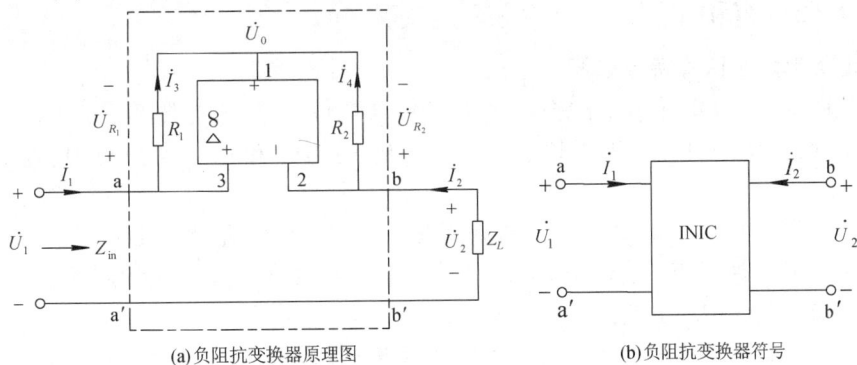

(a)负阻抗变换器原理图　　　　(b)负阻抗变换器符号

图 4.4.1　负阻抗变换器

设运算放大器是理想的,由于同相输入端"+"和反相输入端"−"之间为"虚短",输入阻抗为无限大,则有:

$$\dot{U}_1=\dot{U}_2,\ \dot{I}_1=\dot{I}_3,\ \dot{I}_2=\dot{I}_4 \qquad 又 \qquad \dot{U}_0=\dot{U}_1-\dot{I}_3R_1=\dot{U}_2-\dot{I}_4R_2$$

则有 $\dot{I}_3R_1=\dot{I}_4R_2$,从而有 $\dot{I}_1R_1=\dot{I}_2R_2$。

因此,整个电路从输入端 a-a′ 看进去的入端阻抗

$$Z_{in}=\frac{\dot{U}_1}{\dot{I}_1}=-\frac{R_1}{R_2}Z_L=-KZ_L\left(K=\frac{R_1}{R_2}\right)$$

由此可见,这个电路的输入阻抗为负载阻抗的负值,也就是说,当 b-b′ 端接入阻抗 Z_L 时,可在 a-a′ 端得到一个负阻抗元件($-KZ_L$),简称负阻元件。

利用负阻抗变换器组成一个具有负内阻的电压源,其原理图如图 4.4.2 所示。

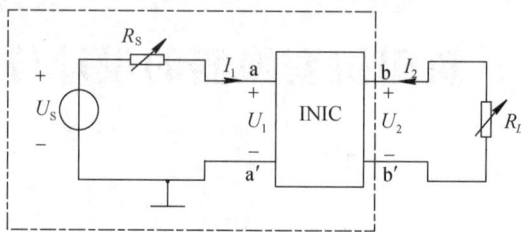

图 4.4.2　具有负内阻的电压源

根据 INIC 的端口特性
$$\begin{cases}U_1=U_2\\I_1=\left(-\dfrac{1}{K}\right)(-I_2)\end{cases}$$

及 a-a′ 端外接特性　　$U_1=-I_1R_S+U_S$

则在 b-b′ 端有　　$U_2=-\dfrac{R_S}{K}I_2+U_S$

显然框内电路可以等效成一个具有负内阻的电压源,电压源电压为 U_S,等效内阻为 $-\dfrac{R_S}{K}$。

三、实验内容和步骤

1.测定负电阻的伏安特性曲线

实验电路如图 4.4.3 所示。电路中:R_P 接 100 Ω 电位器,R_L 接电阻箱,U_S 用直流电源固定 5 V 输出端,$R_1=R_2=1$ kΩ,即 $K=1$。分别测定 $R_L=500$ Ω 和 $R_L=1\,000$ Ω 时,等效负电阻的伏安特性。

调节电位器 RP,使 U_1 在 0.5~3 V 的范围内,间隔 0.5 V 取值,测量相应的 I_1 值〔即测量图 4.4.1(a)中 U_{R_1},注意 U_{R_1} 的正负号〕,并计算负电阻的数值,将数据填入表 4.4.1 中,绘制出负电阻的特性曲线(U_1-I_1 曲线)。

表 4.4.1　负电阻伏安特性的测量

	U_1(V)	0.5	1	1.5	2	2.5	3	
$R_L=$	U_{R1}(V)							计算平均值
500 Ω	I_1(mA)							$-\bar{R}=$
	$-R$(Ω)							

	U_1(V)	0.5	1	1.5	2	2.5	3	
$R_L =$ 1 000 Ω	U_{R1}(V)							计算平均值 $-\overline{R} =$
	I_1(mA)							
	$-R$(Ω)							

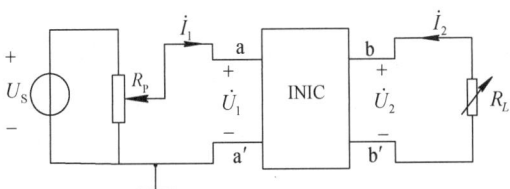

图 4.4.3　负电阻伏安特性测量电路

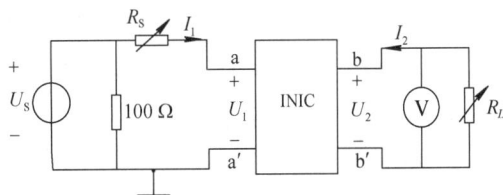

图 4.4.4　电压源(具有负内阻)伏安特性测量电路

2.测定含有负内阻的电压源的伏安特性曲线

实验电路如图 4.4.4 所示。R_L 用电阻箱。测定 $R_S = 300\ \Omega$ 及 $R_S = 1\ 000\Omega$ 时的负电阻电压源的伏安特性曲线。

令 $U_S = 5$ V，R_L 从 3 kΩ 开始增加直至无穷大。I_2 可从图 4.4.1(a) 中 U_{R_2} 求得，将数据填入表 4.4.2 中，绘制出负内阻电压源的伏安特性曲线。

表 4.4.2　电压源(具有负内阻)伏安特性的测量

	R_L(kΩ)					
$R_S =$ 300 Ω	U_2(V)					
	U_{R2}(V)					
	I_2(mA)					
	R_L(Ω)					
$R_S =$ 1 000 Ω	U_2(V)					
	U_{R2}(V)					
	I_2(mA)					

3.观测负阻抗变换器的伏安特性曲线，并读取−R 值

实验电路如图 4.4.5 所示。

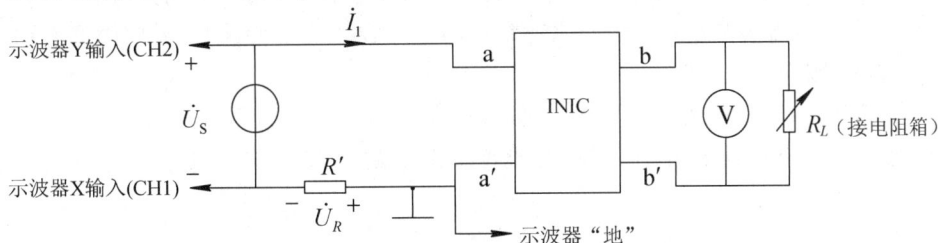

图 4.4.5　示波器观测负阻抗伏安特性电路图

$R' = 100\ \Omega$ 为取样电阻，$\dot{U}_S$ 为函数信号发生器的正弦输出电压。$U_S = 1\ V$，$f = 1\ 000\ Hz$。用示波器 XY 工作方式，观测并记录 R_L 取 300 Ω 和 500 Ω 时，负阻抗变换器伏安特性曲线斜率的变化，并计算出等效负电阻值。

4. 观测负阻抗变换器的 u、i 相位关系

电路仍采用图 4.4.5，示波器使用 YT 输入工作方式。$U_S = 2\ V$，$f = 1\ 000\ Hz$，$R_L = 1\ 000\ \Omega$ 左右，记录 u、i 的波形，并说明 u、i 的相位关系及所对应的示波器通道。

5. 观测 RLC 串联电路的方波响应

对于 RLC 串联电路的方波响应，由于实际电感元件中电阻 R_L 的存在，只能观测到非振荡、临界振荡和衰减振荡 3 种状态。若利用具有负内阻的方波电压源作为激励，调节负内阻的值，可使电路的总电阻 $R = 0$，此时可观测到等幅振荡状态，以及 $R < 0$ 时振幅由小到大的发散振荡状态。

实验电路如图 4.4.6 所示。方波输出电压 $U_{P-P} = 2.0 \sim 2.5\ V$；频率为 $500 \sim 600\ Hz$。电路中各参数值：$R_S = 510\ \Omega$，$L = 18\ mH$，$C = 0.033\ \mu F$，R_L 为可调电阻箱，ES 为电子开关。ES 的作用是使电路的两种响应完全分离，从而确保示波器显示的波形稳定，即 ES 闭合时电路为零输入响应，ES 打开时电路为零状态响应。

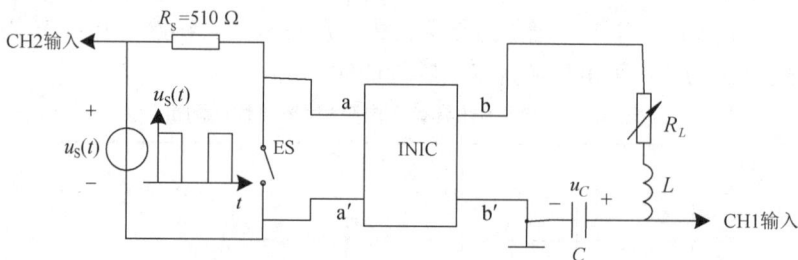

图 4.4.6　RLC 串联电路的方波响应

要求：记录各种工作状态下 u_S 及 u_C 的波形；并记录对应的 R_L 值，电路的固有振荡频率。做此项试验内容时应注意以下两点：

(1) 在接近等幅振荡和发散振荡状态时，R_L 调节范围很小，要仔细调节。

(2) 发散振荡状态时，负阻抗值只需略小于正阻值，否则波形不稳定。

四、实验报告要求

(1) 整理实验数据和图表，对于所做实验内容，给出比较详细的分析说明。

(2) 电压表、电流表测量负阻值和具有负内阻电压源的伏安特性时，哪些因素会引起测量误差？试举例说明。

(3) 分析等幅振荡、发散振荡在一个周期内的波形为什么不相同。

(4) 除了本实验介绍的应用实例外，能否举出负阻抗变换器在电路其他方面的应用例子？

五、注意事项

(1)使用运算放大器时,看清引脚的接线,±12 V 不能接错,输出端不能对地短接,否则将损坏运放。在 INIC 外部改接线时,必须事先断开供电电源。

(2)用示波器观测负阻器件时,由于仪器有共地要求,故应正确判断 U、I 的相位关系,需要时应将 CH1 通道的信号在示波器上反相180°。

实验5　回转器的设计与实现

一、实验目的

(1)研究回转器的特性,掌握回转器特性的测试方法。

(2)了解回转器的某些应用。

(3)加深对并联谐振电路的特性的理解。

二、预习要求

(1)画出实验内容要求的自拟表格。

(2)回答问题:怎样用实验方法判断 RLC 并联电路的谐振频率 f_0?

三、实验原理

回转器是一个二端口网络,其符号如图 4.5.1 所示。端口的电压、电流关系为:

$$\begin{cases} u_1 = -ri_2 \\ u_2 = ri_1 \end{cases} \quad \text{或} \quad \begin{cases} i_1 = gu_2 \\ i_2 = -gu_1 \end{cases}$$

式中:r 为回转电阻,单位 Ω;g 为回转电导,单位 S。

图 4.5.2 所示电路是一种用两个负阻抗变换器来实现的回转器电路。

根据负阻抗变换器的特点:A、B 端的输入电阻

$$R_{\text{in}'} = R_L /\!/ (-R) = \frac{-R_L R}{R_L - R}$$

有

$$R_{\text{in}} = R /\!/ -(R + R_{\text{in}}) = \frac{-R(R + R_{\text{in}})}{R - (R + R_{\text{in}})} = \frac{R^2}{R_L}$$

即

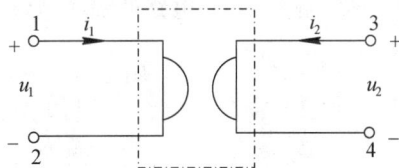

图 4.5.1　回转器符号

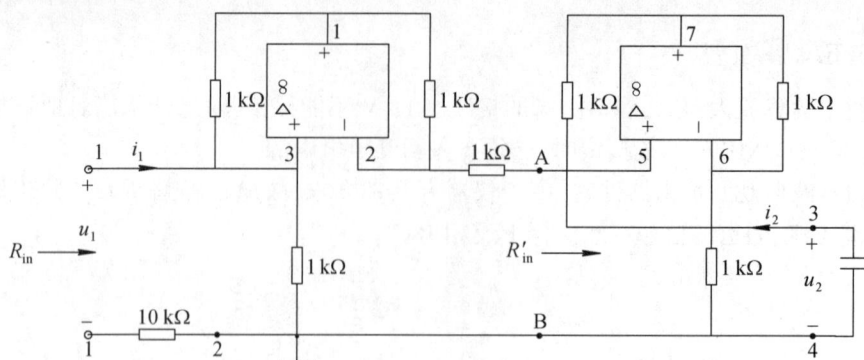

图 4.5.2　用两个负阻抗变换器实现的回转器电路

$$R_{in} = \frac{1}{g^2 R_L} \tag{4.5.1}$$

如在回转器的 u_2 端接入负载电阻 R_L，从 u_1 端看进去的输入电阻

$$R_{in} = \frac{u_1}{i_1} = \frac{-\dfrac{1}{g}i_2}{g u_2} = \frac{1}{g^2}\left(-\frac{i_2}{u_2}\right) = \frac{1}{g^2 R_L} \tag{4.5.2}$$

比较式（4.5.1）、式（4.5.2），得回转器的回转电导 $g = \dfrac{1}{R}$。

在正弦稳态情况下，当负载是一个电容元件时，有输入阻抗

$$Z_{in} = \frac{1}{g^2 Z_L} = \frac{1}{g^2 \dfrac{1}{j\omega C}} = \frac{j\omega C}{g^2} = j\omega L \tag{4.5.3}$$

可见输入端等效为一个电感元件 $L_{eq} = \dfrac{C}{g^2}$。

从式（4.5.3）可见，回转器也是一个阻抗逆变器，它可以使容性负载和感性负载互为逆变。用电容元件来模拟电感器是回转器的重要应用之一。

用模拟电感器可以组成 RLC 并联谐振电路，如图 4.5.3（a）所示，图 4.5.3（b）所示是它的等效电路。并联电路的幅频特性为

$$U(\omega) = \frac{I_S}{\sqrt{G^2 + \left(\omega C - \dfrac{1}{\omega L}\right)^2}} = \frac{I_S}{G\sqrt{1 + Q^2 \left(\dfrac{\omega}{\omega_0} - \dfrac{\omega_0}{\omega}\right)^2}}$$

当电源角频率 $\omega = \omega_0 = \dfrac{1}{\sqrt{LC}}$ 时，电路发生并联谐振，电路导纳为纯电导 G，支路端电压与激励电流同相位，品质因数

$$Q = \frac{\omega_0 C}{G} = \frac{1}{\omega_0 L G}$$

在 L 和 C 为定值的情况下，Q 值仅由电导 G 的大小决定。若保持图 4.5.3(a)中电压源 U_S 值不变，则谐振时激励电流最小。

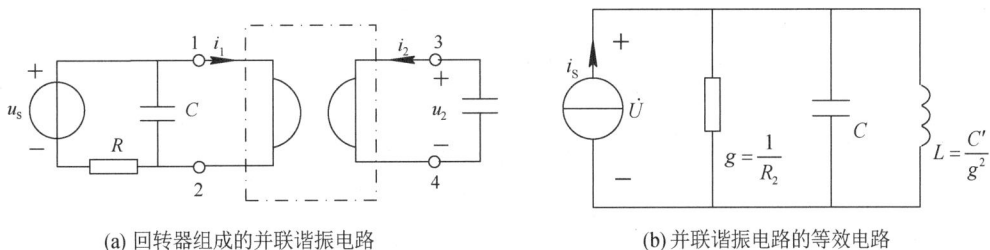

(a) 回转器组成的并联谐振电路 (b) 并联谐振电路的等效电路

图 4.5.3   回转器组成的谐振电路

四、实验内容和步骤

1.按图 4.5.2 连接电路，观察并测试回转器特性

（1）利用示波器观察回转器输入端电压和电流的相位关系

测试等效电路如图 4.5.4 所示。

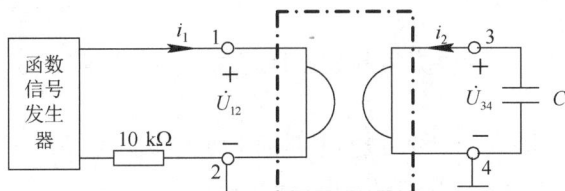

图 4.5.4   回转器特性测试电路

回转器输出端(3-4)接电容 $C = 1$ μF，10 kΩ 为取样电阻，信号发生器输出电压 $U_{11'} = 2$ V。在 $500 \sim 1\ 800$ Hz 内调节频率，用双踪示波器观察输入端电压波形($\dot{U}_{12}$)及电流波形($\dot{I}_{1'2}$)的相位关系。

（2）测试回转器特性

在观察输入端电压波形($\dot{U}_{12}$)及电流波形($\dot{I}_{1'2}$)的相位关系正确时，改变信号发生器频率（在 $500 \sim 1\ 800$ Hz 内），用晶体管毫伏表测量 U_{12} 和 $U_{1'2}$，将数据记录在表 4.5.1 中。

表 4.5.1   回转器特性测试数据

频率 f(Hz)									
测量值	U_{12}(V)								
	$U_{1'2}$(V)								
计算值	I_1(mA)								
	X_L(kΩ)								
	L(H)								

2.用模拟电感器做 RLC 并联谐振实验

测试等效电路如图 4.5.5 所示。电路中 $C' = 0.033\ \mu F$，C 与图 4.5.4 中相同；信号发生器输出电压 $U'_{11} = 2\ V$。

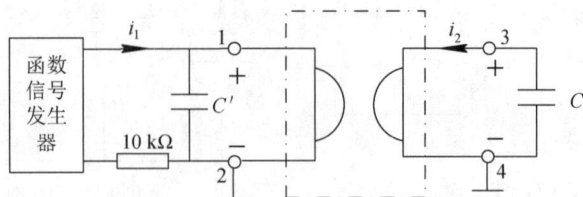

图 4.5.5　并联谐振电路的测量

实验要求：

(1)改变信号源频率(500~1 500 Hz)，找出谐振点。

(2)测量电流幅频特性曲线(注意：在谐振频率附近，取点密些)。将测量数据记录在自拟的数据表格中。

五、实验报告要求

(1)完成数据表格 4.5.1，且根据实验数据计算回转器的回转常数，使之与理论值相比较，并作出 $L–f$ 曲线。

(2)完成自拟数据表格，作出并联谐振电路的电流谐振曲线。

(3)总结在 RLC 并联谐振实验中判断电路谐振的方法。

六、注意事项

(1)运放是有源器件，接线时注意运放是否连接正负电源。

(2)正负电源的"地"要与各实验电路中的公共地端相连。